高速燃气喷涂
设备、工艺与应用

翟 岗 马 文 编著

上海交通大学出版社
SHANGHAI JIAO TONG UNIVERSITY PRESS

内容提要

本书是有关材料科学与表面工程领域中广泛应用的高速燃气喷涂技术研究的专著。主要内容由工艺原理、设备配置、应用实践三大部分组成，具体包括高速燃气喷涂技术的燃烧机理、气流动力学特性及喷涂颗粒的加热与加速过程，形成高性能涂层的本质原因；高速燃气喷涂设备的组成结构、关键部件及工作原理；大量实例展示高速燃气喷涂技术在石油、航空航天、钢铁、包装机械、电力、海洋腐蚀、造纸等行业中的应用成果，分析其在不同工况条件下的性能表现及优化策略。本书可供热喷涂领域的研发、教学、应用人员参考，尤其对从事热喷涂应用的企业能起到很好的指导作用。

图书在版编目(CIP)数据

高速燃气喷涂：设备、工艺与应用／翟岗，马文编著．-- 上海：上海交通大学出版社，2025.5．-- ISBN 978-7-313-32693-5

Ⅰ．TG174.442

中国国家版本馆 CIP 数据核字第 20256YK294 号

高速燃气喷涂——设备、工艺与应用
GAOSU RANQI PENTU——SHEBEI、GONGYI YU YINGYONG

编　著：翟　岗　马　文	
出版发行：上海交通大学出版社	地　　址：上海市番禺路 951 号
邮政编码：200030	电　　话：021 - 64071208
印　　制：苏州市越洋印刷有限公司	经　　销：全国新华书店
开　　本：710 mm×1000 mm　1/16	印　　张：13
字　　数：210 千字	
版　　次：2025 年 5 月第 1 版	印　　次：2025 年 5 月第 1 次印刷
书　　号：ISBN 978 - 7 - 313 - 32693 - 5	
定　　价：129.00 元	

翟岗,热喷涂技术专家,东方润鹏科技(北京)集团有限公司创始人。

技术创业二十年,驱动行业升级

自 2000 年创立企业以来,始终深耕热喷涂技术产业化领域,成功搭建起横跨欧美的技术转化桥梁。与美国、瑞士、加拿大、芬兰等多家国际知名热喷涂企业有着深层次的合作,并成立合资示范厂,在国内热喷涂行业拥有广泛的客户基础。累计为航空航天、能源装备等领域的百余家企业提供工艺解决方案。

突破环保涂层技术壁垒

2013 年起,组建研发团队聚焦高速燃气喷涂(HVAF)技术创新,历时 5 年攻克"去铬化"涂层技术难题。2018 年主导开发闪钨(flash carbide)涂层技术(商标:闪乌®),通过纳米结构设计与工艺创新,实现涂层耐磨性较传统电镀铬提升约 40%、盐雾试验耐腐蚀寿命突破 600 小时,成功应用于石油、新能源、煤炭等领域。

产业化领军与行业赋能

2024 年联合中国机械工程学会等起草并发布"磨粉机磨辊闪钨涂层制备技术规范",构建了"技术研发—标准制定—产业推广"的完整创新链。

2024 年联合佛山微轧钢材贸易有限公司成功研发"热轧带钢差速平整除锈"并获得中科合创(北京)科技成果评价中心"国际领先"成果评价;填补"热轧钢板差速平整除锈方法和装置"的行业空白。

马文，教授，博士生导师，2006 年毕业于北京航空航天大学材料学专业，获工学博士学位。2006—2007 年于德国于利希研究中心从事博士后研究工作，2009 年和 2014 年分别于美国北伊利诺伊大学和康涅狄格大学进行短期访问研究工作。现任内蒙古自治区新材料与表面工程重点实验室主任。获得教育部新世纪优秀人才、草原英才、内蒙古自治区突出贡献专家、内蒙古自治区高校优秀青年科技领军人才、内蒙古自治区优秀科技工作者等荣誉称号。担任全国金属与非金属覆盖层标准化技术委员会副主任委员，中国表面工程协会第七届理事会理事，中国稀土学会第七届铸造合金专业委员会副主任委员，中国腐蚀与防护学会第十届高温专业委员会委员，中国稀土学会第七届热防护材料专业委员会委员，材料与器件科学家智库航空航天材料专家委员会委员，中国农业机械学会材料与制造技术分会第十届委员，中国复合材料学会复合材料表面与薄膜专业委员会委员，《热喷涂技术》期刊编辑委员会委员，中国稀土学会第七届理事会专家库专家，内蒙古自治区建材产品标准化技术委员会委员。

主要从事稀土陶瓷热障涂层材料的研发，以及新型涂层制备技术的开发及推广应用。近年来作为项目负责人主持了国家自然科学基金 4 项、内蒙古科技重大专项、省部级科研项目多项。发表论文 100 余篇，其中被 SCI 收录 70 余篇；申报国家发明专利 39 件，其中授权 23 件；获得内蒙古自治区自然科学奖一等奖（2016 年）。

随着现代工业的快速发展,对材料性能的要求日益提高。在极端工况条件下,如高温、高压、强腐蚀等环境,传统材料的性能往往难以满足需求。因此,通过表面工程技术对材料改性以提升其表面性能,成为一种重要的解决途径。高速燃气喷涂(high velocity air fuel,HVAF)技术正是为材料改性而发展起来的一项前沿且高效的技术手段,HVAF 技术作为热喷涂技术的一种高级形式,以其独特的工艺特点,在制备高性能涂层方面展现了显著的优势,具有广泛的应用潜力。本书旨在深入探讨这一技术的核心工艺原理、设备配置及其在多行业中的实践应用,以期为相关领域的工程师、热喷涂从业人员、制造业与商业规划师等专业人士提供全面的参考和依据。

HVAF 技术通过压缩空气与燃料燃烧产生的高温高速气流,将喷涂粉末加热并加速至极高速度,撞击基体表面形成致密的涂层。这一过程不仅实现了对基体表面的有效覆盖,还通过涂层与基体之间的物理结合和冶金结合,显著提高了涂层的附着力和耐久性。此外,HVAF 技术制备的涂层往往具有低孔隙率、高致密度和低氧化物含量等特点,这些特性使涂层在耐磨、耐腐蚀及抗高温等方面表现出卓越的性能。

近年来,随着材料科学、燃烧学及自动化控制等学科的交叉融合,HVAF 技术得到了快速发展。国内外众多研究机构和企业纷纷投入到该技术的研发与应用中,推动了其在航空航天、汽车制造、能源化工等多个领域的广泛应用。同时,随着技术的不断进步和工艺的持续优化,HVAF 技术在喷涂效率、涂层质量及环境友好性等方面均取得了显著的提升。

未来,随着对材料性能要求的不断提高和表面工程技术的持续创新,HVAF 技术有望在更多领域发挥重要作用。特别是在纳米涂层、梯度涂层及复合涂层等涂层制备方面,HVAF 技术将展现出更加广阔的应用前景。

本书将围绕 HVAF 技术的工艺原理、设备配置及应用实践展开详细论述,最终提出"闪钨涂层"的概念及应用。

自 21 世纪商业化浪潮席卷而来,已经有若干部围绕 HVAF 技术这一主题的优秀著作问世。HVAF 技术的快速发展使我们有必要不断更新资料,因此,本书尽可能地汇集 HVAF 技术的最新前沿信息,以满足读者的需求。

本书共分为 9 章,作者团队由学术界、研究机构以及工业领域的专家组成,他们在 HVAF 技术方面拥有宝贵的经验。我们希望读者能够通过学习本书进一步推动 HVAF 技术的发展及其在工业领域的应用。

在此,我们衷心感谢所有撰稿人所做的卓越贡献,包括为本书提供的重要信息以及为撰写本书付出的时间和心血。正是由于他们的努力,本书才能够为广大读者提供 HVAF 技术的基础知识和应用实例。同时,特别感谢美国 Kermetico 公司、内蒙古工业大学、东方润鹏科技(北京)集团有限公司对本书撰写的支持。最后,深深感谢我的良师益友,Andrew Verstak 博士,是他带领我和东方润鹏科技(北京)集团有限公司走上了热喷涂的道路,这本书的大量基础数据来自我与他近 20 年工作总结的往来邮件,是他给 HVAF 技术注入了生命与活力,在他的努力与支持下,HVAF 技术得以在中国大地蓬勃发展。

限于编者水平,书中难免存在不足和疏漏之处,恳请读者批评指正。

翟岗

2024 年 12 月

目录

第8章　闪钨涂层　179

第9章　**总结与展望**　　　　191

第1章

热喷涂技术概述

随着科技的飞速发展，各行业对金属材料的性能、仪器设备零部件的使用寿命要求越来越高，而这两个方面的要求又面临高性能结构材料成本逐年上升的问题。近年来，表面工程发展迅速，尤其是热喷涂技术取得了重大进步，为解决上述问题提供了一种行之有效的方法。热喷涂技术是一种通过专用设备把某种固体材料熔化并加速喷射到机件表面，从而形成一种特制薄层，以提高机件耐蚀、耐磨、耐高温等性能的表面工程技术[1-2]。由于热喷涂技术可以喷涂各种金属及合金、陶瓷及非金属等大多数固态工程材料，所以能制成具备防腐、耐磨、减摩、抗高温、抗氧化、隔热、绝缘、导电、防微波辐射等各种功能的功能涂层，并且施工灵活，适应性强，应用面广，经济效益突出，尤其对提高产品质量、延长产品寿命、改进产品结构、节约能源、节约贵重金属材料、提高工效、降低成本等方面具有重要作用。

1.1 起源和原理

据说早在 20 世纪初，瑞士苏黎世的肖普博士在与他的儿子玩耍时注意到，当使用玩具枪向墙壁射击时小铅球会发生变形，这一观察为热喷涂技术的概念奠定了基础。肖普博士具有非凡的远见，意识到了金属涂层技术的巨大潜力。大约在 1912 年，他成功研发了一种简单的设备，其原理是将金属丝送入强烈而集中的焰流内，使其熔化并被周围的压缩气体火焰包裹，熔融的金属在这一过程中被雾化并喷射到目标表面形成了涂层。20 世纪 20 年代初肖普将这一创新技术的专利转让给一家德国喷涂公司，推动了金属喷涂概念在欧洲和美国的传播与推广,进而在铁路、海军舰艇、坦克、运煤船以及巴拿马运河闸门等领域实现了广泛的应用。

无论出于何种动机,毫无疑问,肖普在20世纪初的开创性工作为金属喷涂技术的诞生与发展做出了重要贡献。

热喷涂技术作为涂层制备工艺的典型代表,是一种利用特定热源将喷涂材料加热至熔融或半熔融状态,并通过高速气流将其雾化成极细的颗粒,然后借助自身动力或外加气流喷射到经净化或粗化等预处理的基体表面,形成一层特殊的涂层。热喷涂技术的基本原理如图1-1所示。

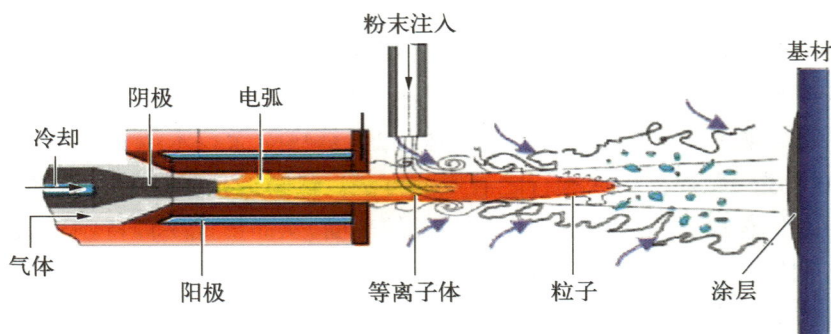

图1-1　热喷涂技术基本原理

喷涂材料从进入热源到形成涂层,大体可分成3个阶段。

(1)材料预处理:指将所需喷涂的涂层材料加热至熔融或半熔融状态(丝材端部熔化形成熔滴,粉末则熔化或软化)。这些涂层材料可以是粉状、带状、丝状或棒状,根据需要选用不同的材料以获得所需的功能。

(2)喷涂过程:指将喷涂粉末注入燃烧或电离产生的高温焰流或等离子体中,喷涂材料加热到熔融或半熔融状态,同时粉末颗粒被加速并获得能量,最终撞击基体表面形成涂层。棒材或丝材喷涂则是利用不同的热源将材料熔化至高温熔滴或雾化,熔滴或雾状颗粒被加热、加速继而撞击基体表面形成涂层。

(3)涂层形成:冲击到基体表面的涂层颗粒产生剧烈变形和快速冷却,从而形成叠层薄片,这些颗粒不断堆积,最终黏附在经过制备的基体表面形成一种层状的涂层。涂层的质量和性能取决于喷涂材料的种类、喷涂工艺参数以及基体表面的预处理情况。

1.2　热喷涂技术优点与局限性

自 1910 年瑞士肖普博士发明火焰喷涂装置(即热喷涂)以来,热喷涂技术已有很大发展,尤其是 20 世纪 80 年代以来,热喷涂技术的应用取得了很大的成就。与其他表面技术相比,热喷涂技术有如下特点[3]。

(1)涂层材料选择范围广泛。几乎所有的金属、合金、陶瓷以及工程塑料、尼龙等有机高分子材料都可以作为喷涂材料,这使得热喷涂技术具有极大的灵活性。

(2)基体材料多样。基体材料不受限制,既可以是金属,也可以是非金属,包括陶瓷、金属、金属陶瓷、玻璃、工程塑料、石膏、布、木材、纸等固体上都可以进行喷涂。

(3)工件受热温度可控。在喷涂过程中,工件受热温度可控,一般温度可控制在 30~200℃,基体的组织和性能几乎不受影响,从而保证基体不变形、不弱化,这使得热喷涂技术在处理敏感材料时具有显著优势。

(4)涂层厚度可调。涂层厚度可以根据需要进行调整,从几十微米到几毫米,甚至大于 10 mm 都可以实现,这为满足不同应用场景提供了可能。

(5)涂层性能多样。通过热喷涂技术,可以形成具有多种特殊功能的涂层,如耐磨、耐腐蚀、隔热、抗氧化、绝缘、导电、防辐射等,这使得被喷涂物件可以具备更多的使用功能。

(6)经济效益显著。操作灵活,设备简单,既可大面积喷涂大型构件,也可进行特定的局部喷涂;既可进行室内喷涂,也可在室外进行现场施工。并且成本相对较低,这使得它在工业生产中具有很好的经济效益。

尽管热喷涂技术具有诸多优点,但也存在一些缺点,如结合力低、孔隙率较高、均匀性差等,这些问题需要在未来的发展中进行改进和优化。

1.3　热喷涂技术的分类

热喷涂技术一般可按照其热源类型进行分类,在此基础上再按照不同形式的涂层材料进行分类,如图1-2所示[4]。

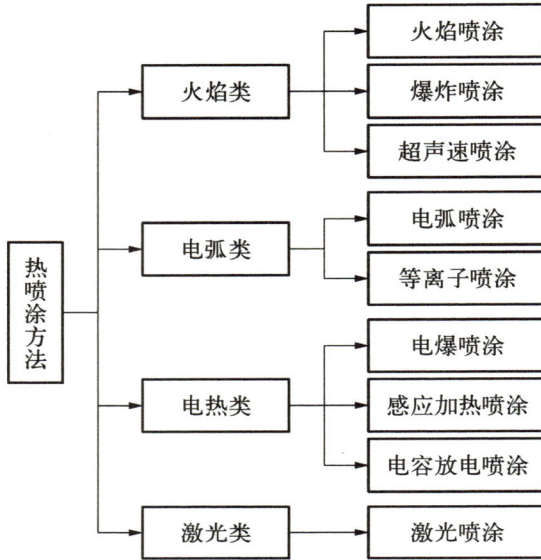

图 1-2 热喷涂技术分类

1.3.1　火焰类

1)火焰喷涂

火焰喷涂技术作为一种新的表面防护和表面强化工艺,在近30年里得到了迅速发展,已经成为金属表面工程领域中一个十分活跃的分支。火焰喷涂技术利用火焰为热源,将各种纯金属、合金、陶瓷及塑料等材料加热到熔融状态,在高速气流的推动下形成雾流,喷射到基体上。当喷射的微小熔融颗粒撞击在基体上时会产生塑性变形,从而成为片状叠加沉积涂层[5-8]。

火焰喷涂常以氧乙炔火焰为热源,分为氧乙炔火焰粉末喷涂、氧乙炔火焰线材喷涂等。氧乙炔混合气在喷嘴口处燃烧,喷涂粉末在此高温熔化,最后随着送粉气喷涂到基体表面,形成喷涂层。粉末火焰喷涂的原理如图1-3所示。

火焰喷涂技术的基本特点如下:一般金属、非金属基体均可喷涂,基体的形状和尺寸通常也不受限制,但小孔目前尚不能喷涂;涂层材料广泛,金属、合金、陶瓷、复合材料均可为涂层材料,可使表面具有各种性能,如耐腐蚀、耐磨

图中标注：

喷涂粉末

喷嘴　燃烧火焰

送粉气

氧乙炔混合气

涂层

基体

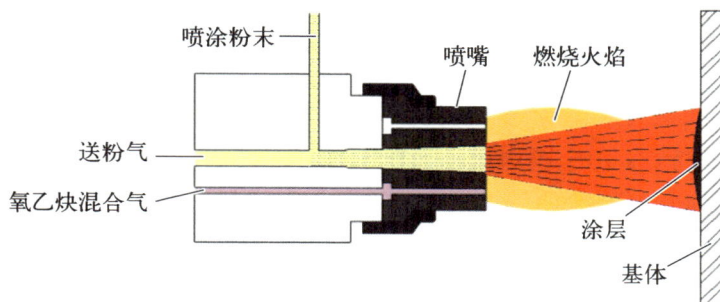

图 1-3　粉末火焰喷涂原理

损、耐高温、隔热等；涂层的多孔性组织有储油润滑和减摩性能，含有硬质相的喷涂层宏观硬度可达 450 HB，喷焊层可达 65 HRC；火焰喷涂对基体影响小，基体变形小，材料组织不发生变化。火焰喷涂技术的缺点为喷涂层与基体结合强度较低，不能承受交变载荷和冲击载荷；基体表面制备要求高；火焰喷涂工艺受多种条件影响，涂层质量尚无有效检测方法。

　　2）爆炸喷涂

　　爆炸喷涂是一项技术难度较大、工艺性能较强的新技术，也是一种高能喷涂方法。与一般火焰喷涂相比，爆炸喷涂必须提供足够高的气体压力，以产生高达 5 倍于声速的焰流（1 830 m/s）。爆炸喷涂的气体消耗量也很大，就氧气而言，通常是一般火焰喷涂的 10 倍。爆炸喷涂是在特殊设计的燃烧室里，将氧气和乙炔按一定的比例混合后引爆，使喷涂粉末加热熔融并使颗粒高速撞击在零件表面形成涂层的方法。在火焰喷涂中，当乙炔含量为 45% 时，氧乙炔混合气体可产生 3 140℃ 的自由燃烧温度，但在爆炸条件下可能超过 4 200℃，所以绝大多数粉末能够熔化。粉末在高速枪中被输运的长度远大于等离子枪，这也是其颗粒速度高的原因。爆炸喷涂可喷涂金属、金属陶瓷及陶瓷材料，但是由于该设备价格高、噪声大、属氧化性气氛等，国内外应用还不广泛。爆炸喷涂最大的特点就是以突然爆炸的热能加热熔化喷涂材料，喷涂颗粒飞行速度高，动能大，其利用爆炸冲击波产生的高压把喷涂粉末材料高速喷射到工件基体表面形成涂层，其主要特点如下：可喷涂材料范围广，从低熔点铝合金到高熔点陶瓷；工件表面温度低，热损伤小；涂层致密且厚度容易控制；爆炸喷涂涂层的粗糙度低；在喷涂过程中，碳化物及碳化物基粉末材料不会产生碳分解和脱碳现象；氧气消耗少，运行成本低[9-14]。

3）超声速喷涂

超声速喷涂是将气态或液态燃料与高压氧气混合后在特定的燃烧室或喷嘴中燃烧,产生高温、高速的燃烧焰流加热喷涂粉末从而制备涂层。超声速喷涂具有如下特点:由于超声速喷涂粉末颗粒在高温焰流、空气中停留时间短,涂层中氧化物含量较低,涂层化学成分和相组成具有较强的稳定性,因此只适用于喷涂金属粉末、WC-Co金属陶瓷粉末以及熔点相对较低的 TiO$_2$ 陶瓷粉末;超声速喷涂粉末运动速度高;喷涂粉末粒度小（10～53 μm）,分布范围窄,可充分熔化;涂层结合强度与致密度高,无分层现象;超声速喷涂制备的涂层与其他热喷涂工艺相比,表面粗糙度较低;喷涂距离可在较大范围内变动,而不影响喷涂质量;可得到比爆炸喷涂更厚的涂层,残余应力也得到改善;超声速喷涂效率高,操作方便;但噪声大（大于 120 dB）,需有隔音和防护装置。

超声速喷涂涂层耐磨损性能优越,其耐磨损性能大幅度超过了等离子喷涂涂层、电镀硬铬层和喷熔层,与爆炸喷涂制备的涂层相当,应用广泛。

1.3.2 电弧类

1）电弧喷涂

电弧喷涂是指将丝状材料分别接电源的正极和负极,两极丝状材料端部靠近产生高温的电弧,丝状材料瞬间熔化;通过工作气体将熔化的材料液滴高速喷出,同时将丝状材料匀速送入补充;熔化的材料液滴到达基体表面冷却形成喷涂层。

电弧喷涂原理如图 1-4 所示,阴极和阳极间形成高温电弧,工作气体经过电弧形成高温气体喷出;在喷嘴口轴向送入喷涂丝材,丝材进入高温工作气体后熔化,并随着高温工作气体喷涂到基体表面。电弧喷涂技术的优势在于成本低廉。一方面,在保证高结合强度的条件下,电弧喷涂对工件温度和基体性能要求不高。另一方面,电弧喷涂高效节能,所使用的能源（电能）成本远低于等离子喷涂和火焰喷涂。综合来看,电弧喷涂的成本仅为等离子喷涂和火焰喷涂的 1/10～1/3,在高效防腐、维修、设备制造和特殊功能涂层的制备方面应用广泛,在热喷涂中占有重要的地位。但是与等离子喷涂和火焰喷涂相比,普通电弧喷涂的涂层质量较低,结合强度约为 20 MPa,孔隙率为 3%～10%,限制了电弧喷涂的应用。近年来,高能、高速喷涂成为热喷涂发展的重要方向,特别是颗粒速度受到普遍关注。颗粒速度对涂层质量有决定性作用,热喷涂涂层质量的改善往往是颗粒速度提高的结果。与等离子喷涂、火焰喷涂相比,普通电弧喷涂颗粒速度较低,由此可见颗粒速度成为制约电弧喷涂发展的重要因素。为了提高电弧喷涂的颗粒速度、改善雾化效果,人们采用了多种方案。二次雾化将颗粒速度提高到约 200 m/s,与普通电弧喷涂的 100 m/s 相比颗粒速度有了明显的改善,但与火焰喷涂的 800 m/s 相比差距仍然较大。若将火焰喷涂与电弧喷涂结合,可利用高速燃气加速电弧喷涂的颗粒,但这种方式喷涂设备结构复杂,成本相对较高,还降低了系统的安全性,使应用受到一定的限制。而普通电弧喷涂涂层质量较低,涂层的使用环境越来越苛刻,因此在工业中的应用受到一定的限制[9-14]。

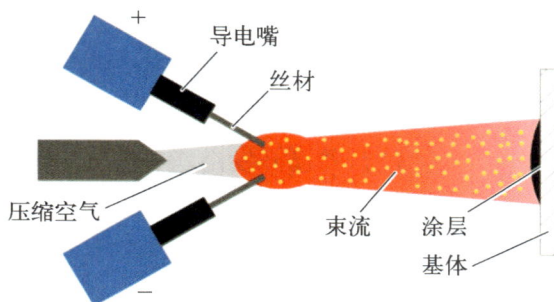

图 1-4　电弧喷涂原理

2) 等离子喷涂

等离子焰流温度高达 10 000℃以上,只要是具有物理熔点的材料,都可以利用等离子喷涂技术形成涂层,应用范围十分广泛[5-8]。

等离子喷涂原理如图 1-5 所示,等离子体轴向喷出,在喷嘴出口径向送入喷涂粉体,喷涂粉体进入等离子焰流中,迅速熔化并随着等离子焰流喷涂到基体上,形成喷涂层。

等离子喷涂是一种材料表面强化和表面改性技术,可以使基体表面具有耐磨损、耐腐蚀、耐高温氧化、电绝缘、隔热、防辐射、减摩和密封等性能。等离子喷涂技术是采用由直流电驱动的等离子电弧作为热源,将陶瓷、合金、金属等材料加热到熔融或半熔融状态,并以高速喷向经过预处理的工件表面而形成附着牢固的涂层的方法。等离子喷涂技术是继火焰喷涂之后大力发展起来

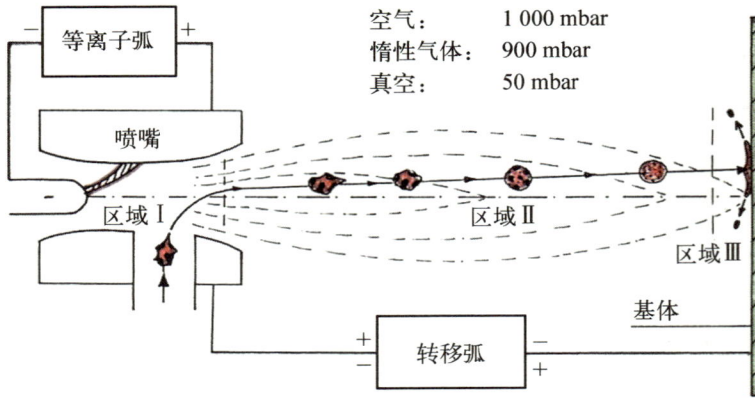

空气： 1 000 mbar
惰性气体： 900 mbar
真空： 50 mbar

图 1-5 等离子喷涂原理

的一种新型多用途的喷涂方法，它具有超高温特性，便于进行高熔点材料的喷涂，并具有喷涂颗粒速度高、涂层致密、结合强度高等优点。由于使用惰性气体作为工作气体，所以喷涂材料不易氧化。目前随着热喷涂技术的飞速发展，国际上等离子喷涂占有明显优势，并已开发出三电极轴向送粉等离子喷涂、三阴极等离子喷涂、高能等离子喷涂、微弧等离子喷涂、悬浮液等离子喷涂、反应等离子喷涂、真空等离子喷涂、水稳等离子喷涂和气稳等离子喷涂等多种新技术。

（1）三电极轴向送粉等离子喷涂：等离子喷涂涂层的工业应用已有长达 40 多年的历史。传统的等离子喷涂的缺点是不得不将粉末原料从径向送入等离子焰。但是由于市场上粉末商品都有一定的粒度分布，它们的颗粒直径只是控制在一定范围内。这样，大一些的颗粒会有穿过等离子焰的趋势，而小一些或轻一些的颗粒则不能全部进入等离子焰或蒸发掉了。因此，径向送粉工艺的结果是约有一半的喷涂粉末没有附着在基体表面，造成巨大的浪费。

加拿大 Mettech 公司开发的轴向送粉系统解决了这一难题。通过这种轴向送粉系统，使得粉末颗粒全部进入等离子焰流，而且大部分粉末（最高可达 95%）都能充分熔化并附着到基体上。这不仅能制备出更均匀、更致密、更纯净的涂层，而且工艺的经济性也得到显著的提高。三电极轴向与传统径向送粉比较如图 1-6 所示。

由于将粉末从焰流的中心部位直接送入等离子焰流，粉末得到迅速加热、

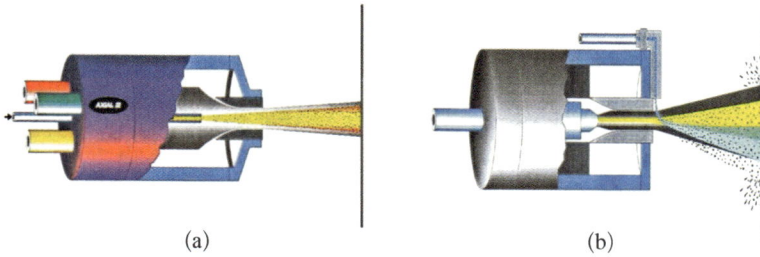

(a)　　　　　　　　　　　　　　　(b)

图 1 - 6　三电极轴向与传统径向送粉示意图

（a）三电极轴向；（b）传统径向

加速并通过喷嘴。这时,所有颗粒的飞行方向大都是线性的,等离子焰流对其飞行轨迹的影响极小。其颗粒速度相对于常规外送粉而言更高(最高可达400 m/s)。整个喷束形成对称的流体形貌,其喷束及喷涂落斑相对于径向外送粉而言更小,也更集中(见图 1 - 7),这一点在喷涂小工件时体现得尤为明显,可实现更高的粉末利用率。颗粒因直接进入等离子焰流,所以外界氧对它的影响更小,颗粒受热均匀,使涂层应力相对更低。这种送粉方式可以得到极

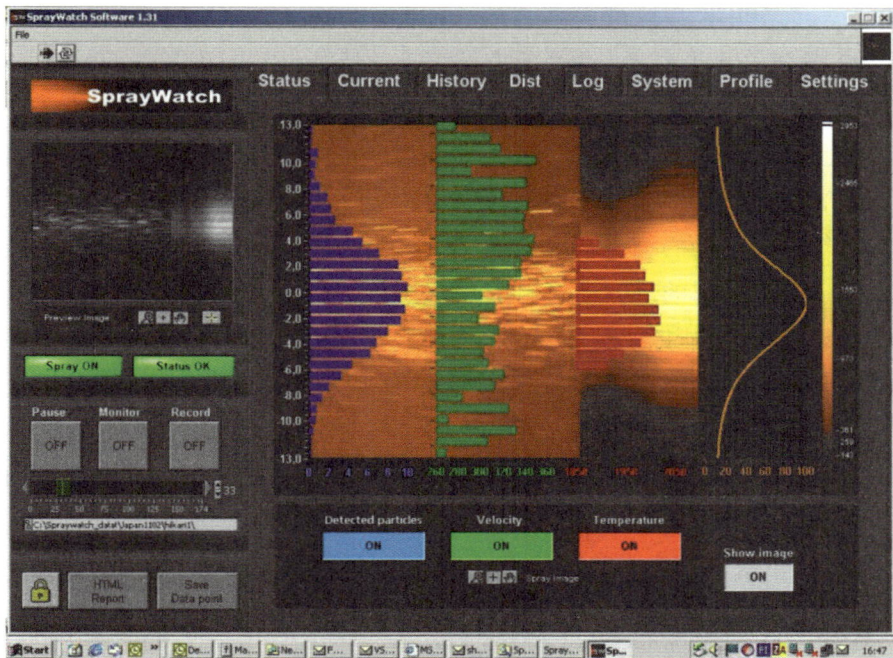

图 1 - 7　三电极轴向送粉等离子喷涂颗粒速度和温度分布

高的沉积效率[①](最高可达95%)和送粉速度。

（2）三阴极等离子喷涂：三阴极等离子喷枪包括3个阴极和1个由若干绝缘的环体串联而成的喷嘴，只有离阴极最远的环体作为阳极工作。由于从3个阴极到同一个阳极产生的3个独立电弧的长度稳定不变，3束等离子射流在汇流腔内汇聚成1束主等离子流，形成空心管状射流从喷嘴喷出，从而产生稳定的等离子喷射。与传统的等离子喷枪相比，这种喷枪的等离子喷射的稳定性有明显改善，可以进行均质粉末加工，并有较高的沉积率和送粉率。

（3）高能等离子喷涂：高能等离子喷涂是为了满足陶瓷材料对涂层密度、结合强度和喷涂效率的更高需求而开发的一种高能、高速的等离子喷涂技术，其特点是在电弧电流与普通大气等离子喷涂相当的条件下，利用较高的工作电压提高功率，并采用更大的气体流量来提高射流流速。高能等离子喷涂采用高能等离子喷枪进行喷涂。高能等离子喷枪采用独特的设计方法拉长等离子弧，提高了工作电压，降低了工作电流，减少了阴阳极的损耗，提高了喷嘴的使用寿命。在等离子弧中存在3个菱形马赫锥，具有较高的射流速度。高能等离子喷涂系统的功率能够稳定在200 kW左右，使等离子弧具有极高的热能和速度，为沉积优质涂层提供了充足的功率[15]。

（4）微弧等离子喷涂：微弧等离子喷涂的特征包括层流等离子射流、较低的功率消耗、较低的基体加热以及较小的噪声水平。这种技术依赖于等离子体的稳定流动，使涂层的均匀性和附着力得以提高。由于功率较低，喷涂过程对基体的热影响较小，适合对热敏感材料的处理。此外，相较于传统喷涂技术，微弧等离子喷涂的噪声水平显著降低，有助于改善工作环境和操作人员的舒适度，还可在极薄的基体上进行喷涂。这种喷涂方法的功率虽低但能量集中，其束斑直径小，所以仍可喷涂各种材料，特别适合制备小零件及薄壁件的精密涂层，且该设备质量轻，适合于现场的维修工作。

（5）悬浮液等离子喷涂：悬浮液等离子喷涂是一种采用液料喂料方式，可直接喷涂纳米粉末并形成超薄纳米涂层的新型喷涂技术。悬浮液等离子喷涂采用液料作为介质，使用分散剂将颗粒分散在溶剂中形成悬浮液，通过液料送液装置将悬浮液送入等离子弧，液料中的溶剂迅速蒸发，析出的粉末被等离子弧加热熔化并喷射到基体上形成涂层。这种方式克服了喷涂粉末颗粒尺寸较

---

① 沉积效率指单位时间内有效附着基体的粉末质量与总喷出粉末质量的比值。

小而难以实现粉末送料的限制,不仅实现了用非团聚的纳米粉末直接进行喷涂,而且可制备超薄涂层。

(6) 反应等离子喷涂:反应等离子喷涂是对真空等离子喷涂进一步改进的喷涂方法,其步骤是在真空等离子喷涂过程中将反应气体(如氮气)加入喷嘴出口处的等离子射流中,反应气体与加热中的喷涂粉末相互作用进而得到新的生成物。用这种方法可以获得 TiN 涂层,这是靠喷涂钛粉和注入氮气反应后得到的。TiN 具有高熔点、高硬度、耐磨损、耐腐蚀以及优良的导电性和超导性等特点。

(7) 真空等离子喷涂:真空等离子喷涂(也称低压等离子喷涂)是在真空的密封腔室内进行喷涂的技术。因为工作气体经过等离子化后,是在低压气氛中边膨胀边喷出的,所以等离子焰流速度可以达到超声速,而且非常适用于对氧化高度敏感的材料。真空等离子喷涂已开发出许多前景广阔的应用,如瑞士 Medicoat 公司将真空等离子喷涂引入医疗植入体,在钛合金基体上喷涂钛涂层或 HA 羟基磷灰石涂层,将涂层的结合强度从之前的 22 MPa 提高到 40 MPa 以上,大大延长了涂层的使用寿命。

最新的高真空等离子喷涂技术还能实现粉末材料的雾化沉积,形成类似 EB - PVD 式的柱状晶涂层,可以实现功能更好、效率更高、制备成本更低的热障涂层。

(8) 水稳等离子喷涂:上述等离子喷涂的工作介质都是气体,而水稳等离子喷涂的工作介质是水,它是一种高功率或高速等离子喷涂的方法。其工作原理如下:喷枪内通入高压水流,并在枪筒内壁形成涡流,这时在枪体后部的阴极和枪体前部的旋转阳极间产生直流电弧,使枪筒内壁表面的一部分水分蒸发、分解,变成等离子态,产生连续的等离子弧。由于旋转涡流水的聚束作用,其能量密度提高,燃烧稳定,因此可喷涂高熔点材料,特别是氧化物陶瓷,其喷涂效率非常高。

(9) 气稳等离子喷涂:气稳等离子喷涂的原理是由等离子喷枪(等离子弧发生器)产生等离子射流(电弧焰流)。喷枪的电极(阴极)和喷嘴(阳极)分别接整流电源的正、负极,向喷枪供给工作气体(Ar、H_2、N_2 等),通过高频火花引燃电弧。电弧将气体加热到很高的温度,使气体电离,在热收缩效应、自磁收缩效应和机械效应的作用下,电弧被压缩,产生非转移性等离子弧。高温等离子气体从喷嘴喷出后,体积迅速膨胀,形成高温、高速等离子射流。喷涂粉末进入等离子射流后,被迅速加热到熔融或半熔融状态,并将等离子射流加速,形成飞向基体的喷涂离子束,陆续撞击到经预处理的基体表面后形成涂层。

1.3.3 电热类

1) 电爆喷涂

电爆喷涂方法采用瞬间高功率脉冲电能加热方式,适用于大部分导电材料,尤其是其他喷涂方法难以喷涂的高熔点材料,如钼、钨、铌等,还可用于金属陶瓷材料,如碳化钨、二硼化锆等,是一种新兴的表面改性处理方法[16-17]。其原理是喷涂材料在瞬时的高压脉冲放电过程中发生爆炸,爆炸产物由于冲击波的作用以极高的速度与基体发生碰撞,使爆炸产生的气相颗粒和金属液滴沉积在基体上,从而形成涂层[18]。该涂层是在基体材料原有特性不变的基础上,赋予基体表面耐高温、耐腐蚀、耐磨等特殊性能,从而达到表面改性的目的,获得更好的使用价值及经济效益[19]。与传统的热喷涂方法相比,电爆喷涂方法具有独特的优势。

电爆喷涂的主要优点如下:① 喷射颗粒在冲击波的作用下获得的速度很高,可达 $2\,000 \sim 5\,000$ m/s,喷涂过程时间极短,仅需 $10\,\mu s$ 左右,对基体的热影响很小,爆炸过程的能量易于控制,适于在熔点较低的基体表面制备涂层,如玻璃、聚合物等[20-21];② 涂层间属冶金结合,可以通过多次叠层喷涂控制涂层的厚度,形成较厚的沉积层,结合掩模或底模技术,并通过优化系统配置,合理调控过程参数,结合强度相比于其他方法可高出数倍,涂层孔隙率小[22-23];③ 电爆沉积过程可在真空条件下进行,可以避免易氧化材料在喷涂过程中发生氧化以及在涂层中掺入其他杂质。基体在喷涂前无须进行复杂的预处理,可简化工艺过程[24];④ 喷涂材料的热能是由电能通过欧姆加热的形式直接转化而来,其能量利用率较高($>50\%$),对环境的污染小,属于低能耗、低污染的生产方式[25];⑤ 电爆喷涂颗粒的动力源来自喷涂材料爆炸后产生的爆炸冲击波,无须专门的颗粒加速系统,其成本较传统热喷涂方法低。其缺点是在电爆喷涂过程中会产生噪声,需要将喷涂设备置于隔音室,且喷涂材料需导电。

2) 感应加热喷涂

感应加热喷涂是一种表面处理技术,通过感应电流将金属熔化,然后将其喷涂到基体上。与传统的火焰喷涂或电弧喷涂相比,感应加热喷涂具有更高的生产效率、更低的能耗和更好的涂层质量[26]。

感应加热喷涂的基本原理是利用电磁感应在金属工件表面产生涡流,使金属熔化并喷涂到基体上。在喷涂过程中,金属颗粒以高速射流的形式从喷嘴喷出,同时感应电流将金属颗粒加热至熔融状态。当熔融的金属颗粒撞击基体表面时,它们迅速冷却并凝固,形成致密的涂层。

感应加热喷涂具有许多优点:① 由于涂层是通过熔融状态直接喷涂到基体上,因此涂层与基体之间的结合力更强;② 由于涂层是由高温熔融的金属颗粒快速冷却形成的,因此涂层的致密性和硬度更高,耐磨、耐腐蚀和抗氧化性能更好;③ 感应加热喷涂具有高效、节能和环保等特点。

3) 电容放电喷涂

电容放电喷涂是一种利用电场加速液滴,将其喷射到被涂物表面以形成涂层的喷涂方法[27]。在喷涂过程中,液滴通过电场被加速,并在撞击被涂物表面时释放电荷,形成均匀的涂层。电容放电喷涂相比传统的喷涂方法具有更高的喷涂效率和质量。具体原理为通过在极间设置高压电场,使液滴带上电荷;在电场的作用下,液滴被加速;当液滴射向被涂物表面时撞击而释放电荷,形成较为均匀的涂层。

电容放电喷涂技术的优点如下:① 涂层均匀。由于液滴在电场的作用下被加速并均匀地撞击被涂物表面,因此形成的涂层均匀且平滑。② 效率高。由于液滴的加速和喷射过程是连续的,因此该方法的喷涂效率较高,可以快速完成大面积的涂装工作。③ 环保。相比于传统的喷涂方法,电容放电喷涂技术产生的废气和废液较少,有利于环境保护。④ 适用范围广。该技术可以适用于各种不同材质和形状的被涂物表面,如金属、玻璃、陶瓷等。

1.3.4　激光类

激光喷涂是一种利用高强度和高能量的激光束将细微粉末颗粒熔化后黏结在基体零件表面形成涂层的方法,是近 20 年来出现的一种喷涂新工艺。它的原理是把焊丝顶端(或粉末)用高能密度光束加热至熔融状态,再用喷出的高压气体使熔融部分颗粒化,并喷向基体表面而形成涂层。这种技术可以在大气气氛、惰性气氛或真空状态下进行。激光喷涂设备主要由二氧化碳激光器(最大功率为 10 kW)和高精度控制送粉速度的微粉供料装置等组成[28]。

激光喷涂的优点如下:① 喷涂所获得的涂层结构与原始粉末相同;② 可

以喷涂大多数材料,范围从低熔点的涂层材料到超高熔点的涂层材料;③ 即使在采用焊丝制备时,也比用等离子喷涂制备的涂层气孔率低。此外激光喷涂制备复合涂层工艺的基本原理是将少量陶瓷粉置于金属基体表面,采用激光照射使陶瓷粉和金属表面薄层同时熔化,通过冶金结合形成金属陶瓷合金。重复以上过程并合理控制陶瓷涂层厚度、激光束能量、激光束扫描速度和工件移动速度等参数,可以制得含有多薄层的梯度涂层。在涂层中,金属成分含量沿厚度方向逐渐减少。

1.4　热喷涂技术的应用

热喷涂技术可应用于耐腐蚀涂层、耐磨涂层、耐高温涂层、功能涂层以及喷涂成型等方面。

1) 耐腐蚀涂层

采用热喷涂技术可以喷涂耐各种介质腐蚀的保护涂层,如锌、铝、不锈钢、镍合金、蒙乃尔合金、青铜、氧化铝、氧化铬陶瓷涂层和塑料等。由于涂层的电极电位比钢铁的高,因此易在涂层孔隙处产生电化学腐蚀,故对应用于以下机械部件,如柱塞泵的活塞和活塞杆、液压油缸、蒸汽机机轴的密封部件、船舶尾轴、阀门等的涂层,必须封孔处理。目前,国内最成功的防腐涂层是锌、铝涂层[29],其技术已应用于大型桥梁、海洋钻井平台、水利设施等。英国普利茅斯Tamar 公路大桥,从 1961 年喷涂了 0.08 mm 厚的铝-锌复合涂层,至今只重新喷涂过一次[30]。此外,热喷涂技术在化工、食品等行业也得到广泛应用,如葡萄酒厂低温发酵车间的发酵罐内壁采用火焰喷涂聚乙烯涂层,有效防止了罐壁的点蚀,控制了酒中铁离子的含量[31]。

2) 耐磨涂层

热喷涂技术已成功应用于喷涂机械零件耐磨涂层,延长零件的使用寿命或修复磨损失效的机械零件。美国 Metco 公司在中国小浪底水力发电站中承担了水轮机耐蚀涂层任务,共消耗 13 t 喷涂材料,使水轮机叶轮寿命从 3 年延长到数十年[32]。

3) 耐高温涂层

热喷涂技术同样可以改善机械零件的抗高温氧化性能。采用热障涂层隔离金属基体与高温环境,可以有效保持金属构件的力学性能[1]。例如,人造卫星表面喷涂氧化锆涂层,在急剧热交变条件下,可保证其内部仪器在一定温度范围内始终可靠地工作。美国在"探险者"系列卫星表面喷涂氧化铝,其遮盖面积为卫星总面积的 25%。

4) 功能涂层

热喷涂功能涂层广泛应用在电器工业中,如在监测和控制汽车发动机排气中氧含量和毒性化合物含量的探测仪上常喷涂屏蔽涂层,以保证其灵敏度。而热喷涂生物相容性涂层在生物医学方面则展示了良好前景,如羟基磷灰石、氟羟基磷灰石等涂层可与人体种植体紧密结合,这种技术已应用于人工牙齿、人造骨头种植体上[33]。

5) 喷涂成型

采用热喷涂制造机械零件是近几年迅速发展起来的特殊制造技术。例如,采用电弧喷涂制造冲压塑料和皮革制品件模具、等离子喷涂陶瓷或耐火喷嘴、雷达整流罩、高温炉元件,以及纤维增强钛合金复合材料发动机部件等。在模具制造方面,西安交通大学将热喷涂与 RP 快速成型技术相结合,制造出了锌基合金模具[34-35]。但是,用喷涂成型法制造的零件具有孔隙度高、机械强度弱的特点,且大部分零件在制造完成后还需进行后续处理,这是该工艺存在的一些不足之处。因此,此项技术还有待进一步完善。

1.5　热喷涂技术的发展趋势

我国热喷涂的应用开始于 20 世纪 40 年代,于 60 年代初期成功研制了陶瓷粉末气体喷涂枪、封闭式喷嘴和固定式电弧喷涂枪;60 年代中期研制了自熔性合金粉末制造技术和等离子喷涂设备;60 年代末期研究出了等离子喷焊技术,与此同时开始应用粉末火焰喷焊技术。到了 70 年代陆续出现品种和型号比较齐全的喷涂设备和材料,但进展较慢。进入 80 年代热喷涂技术才开始获得较快发展。1981 年,在北京召开了首届全国热喷涂会议,会上成立了"全国热喷涂协作组"。1991 年,武汉材料保护研究所申请成立"中国表面工程协会热喷涂专业委员会"。经过十多年的发展,已基本形成了较为完善的热喷涂设备和材料生产体系,产品门类比较齐全,各种热喷涂方法也获得了较为广泛的应用,解决了众多产品质量问题,并取得了显著的技术革新和经济效益[1,3,4]。

近几十年来,热喷涂技术的发展较为迅速,应用领域也在不断扩大。喷涂材料层出不穷,设备水平也相继得到提高,涂层设计已经逐渐成为产品设计的一个重要组成部分,质保体系也初步建立。

1.5.1　喷涂材料

热喷涂材料的发展主要体现在两方面:一是拓宽涂层应用范围,开发新的涂层;二是利用喷涂过程中的有利条件来减小缺陷,进而提高涂层质量。比如利用镍、铝在熔融过程中产生的反应热量来提高颗粒温度,进而提高涂层结合强度;开发出 Ni - Al、NiCr - Al 复合粉末或线材。此外,随着航空航天、能源和汽车制造等行业对高性能涂层需求的日益增长,热喷涂技术市场正经历迅猛的技术升级和技术创新。新材料和新技术的不断涌现,如高速火焰喷涂技术、等离子喷涂技术等,为热喷涂技术的发展提供了广阔的机遇。这些新技术的出现,不仅提高了喷涂质量和效率,而且使热喷涂技术能够适应更多种类的材料和涂层需求。

1.5.2　喷涂设备

近年来,喷涂设备的开发比较活跃。国际上推出了高达 250 kW 的超大功率等离子喷涂设备,可生成 681 m/s(2 马赫)以上超声速等离子焰流。各类超声速火焰喷涂装备也不断出现,如 JP - 5000 喷枪可产生 7 倍的高速射流。同时,喷涂系统的设计考虑提供极为方便的人机界面,通过工作人员的简单操作,就能完成大量复杂的工作。此外,智能化喷涂也是热喷涂技术的一个重要发展趋势。通过引入自动化和机器人技术,实现喷涂过程的智能化控制,可以提高喷涂质量和效率。同时,智能化喷涂还可以实现生产过程的自动化和信息化,提高生产效率和质量,降低生产成本。

1.5.3　研究和开发工作

由于影响涂层质量、性能的因素比较多,大量研发工作都集中在工艺过程和涂层性能方面。随着全球环保意识的提升,热喷涂技术市场对环保材料和工艺的需求也在增加。环保型涂层材料和低污染工艺的研发与应用成为市场发展的重要方向。相关企业应当抓住这一趋势,研发绿色环保型涂层材料,以满足市场对环保和可持续发展的需求。此外,建立完善的热喷涂相关产品的标准体系及热喷涂质量保证体系,对推动热喷涂技术的发展具有至关重要的作用。

综上所述,热喷涂技术的发展趋势包括喷涂材料、喷涂设备、环保材料和工艺的研发与应用、智能化喷涂等。这些趋势将共同推动热喷涂技术的持续发展和广泛应用。

参考文献

[1] 曾晓雁,吴懿平. 表面工程学[M]. 北京:机械工业出版社,2001:92 - 112.

[2] 赵文轸. 材料表面工程导论[M]. 西安:西安交通大学出版社,1998:134 - 138.

[3] 郦振声,杨明安. 现代表面工程技术[M]. 北京:机械工业出版社,2007.

[4] 武建军,曹晓明,温鸣. 现代金属热喷涂技术[M]. 北京:化学工业出版社,2007.

[5] 何洪泉,王峰,张兰. 热喷涂系列综述之一:等离子喷涂[J]. 山东陶瓷,2005,28(3): 14 - 17.

[6] 邓世均. 高科技时代的热喷涂技术[J]. 材料保护,1995,28(8):12 - 15.

[7] 蒋伟,赵金平,龚敏. 热喷涂技术及其发展[J]. 中国涂料,2006,2(11):51 - 52.

[8] 华绍春,王汉功,汪刘应,等. 热喷涂技术的研究进展[J]. 金属热处理,2008,33(5): 82 - 87.

[9] 吴朝军,吴晓峰,杨杰. 热喷涂技术在我国航天领域的应用[J]. 金属加工(热加工),2009 (8):23 - 27.

[10] 杨建桥,杨保兴. 热喷涂纳米结构涂层研究现状与展望[J]. 腐蚀与防护,2008,29(5): 290 - 295.

[11] 郑雪萍,刘胜林. 热喷涂技术制备纳米涂层的研究现状[J]. 硬质合金,2009,26(1): 59 - 64.

[12] 郭铁波,周细应,林文松,等. 纳米热喷涂技术的研究现状与展望[J]. 表面技术,2003,32 (4):1 - 3.

[13] 李传启,李新德. 浅谈热喷涂技术的功用及工艺特性[J]. 装备制造技术,2010(8): 98 - 100.

[14] 梁秀兵,徐滨士. 先进的冷喷涂技术[J]. 中国设备工程,2001(12):19 - 20.

[15] 徐滨士,王海军,朱胜,等. 高效能超音速等离子喷涂技术的研究与开发应用[J]. 制造技术与机床,2003(2):30 - 33.

[16] Pu Z L, Liu Z D, Lu X, et al. Experimental study on preparation of high-speed steel coating produced by electrothermal directional explosion[J]. Heat Treatment of Metals, 2004,29(10):36 - 38.

[17] 杨家志,刘钟阳,许东卫. 用线爆喷涂技术改性玻璃表面的试验研究[J]. 高电压技术, 2007,33(2):199 - 201.

[18] 朱亮,张有国,毕学松. 腔内约束电热爆喷涂涂层的形成[J]. 焊接学报,2012,33(2): 77 - 80.

［19］ 李君. 氧化锌薄膜的电化学制备和性能研究［D］. 长春：吉林大学，2006.

［20］ 朱亮，张鹏飞，乔河涛，等. 管内约束碳化钨粉末电爆喷涂涂层的特性［J］. 高电压技术，2012，38（5）：1039－1044.

［21］ 刘宗德，安江英，杨昆，等. 电爆炸高速喷涂新技术研究［J］. 爆炸与冲击，2001，21（1）：17－20.

［22］ Sidky P S, Hocking M G. Review of inorganic coatings and coating processes for reducing wear and corrosion［J］. British Corrosion Journal，1999，34（3）：171－183.

［23］ Takaki K, Mikami Y, Itagaki M, et al. Ceramics joining using explosive metal foil［C］// IEEE International Pulsed Power Conference. Dallas，TX，USA：IEEE，2003：1021.

［24］ 邱复兴，高阳. 活塞环的 PVP、CVD 表面处理［J］. 内燃机与配件，2003（2）：3－6.

［25］ Wang H D, Xu B S, Wei S C, et al. Failure analysis of guide piece and wear resistance of the thermal sprayed coating［J］. Heat Treatment of Metals，2005，30（8）：39－41.

［26］ 申洪太，王禹忱，储江伟，等. 感应加热重熔等离子喷涂——NiWC25 涂层试验与研究［J］. 东北林业大学学报，1987（6）：70－77.

［27］ 高静微. 金属基复合材料连接技术的研究进展［J］. 稀有金属，1999（1）：28－34.

［28］ 阎洪. 金属表面处理新技术［M］. 北京：冶金工业出版社，1996：63－67，91－106.

［29］ 佚名. 李长久教授谈冷喷涂技术的发展与展望［J］. 中国表面工程，2004，17（3）：48－49.

［30］ 王敏. 热喷涂长效防腐蚀技术［J］. 石油化工腐蚀与防护，2003，20（3）：4.

［31］ 王娟. 表面堆焊与热喷涂技术［M］. 北京：化学工业出版社，2004：262－275.

［32］ 陈怡勇. 小浪底水利枢纽工程预防泥沙淤堵和磨蚀的工程措施［J］. 水利水电科技进展，2004，24（1）：47－48.

［33］ Heimann R B. Thermal spraying of biomaterials［J］. Surface and Coatings Technology，2006，201（5）：2012－2019.

［34］ David F. Sprayformed steel moulds for polymer moulding［J］. Materials World，2002，10（12）：14－15.

［35］ 张忠礼. 热喷涂快速制造模具技术新进展［J］. 新技术新工艺，2006（1）：93－96.

第2章

超声速火焰喷涂

超声速火焰喷涂技术是在 20 世纪 80 年代初期由美国 Browning 公司研制成功的,并且以 JET－KOTE 为商品推出,经过多年的应用开发,其优点逐渐被认识和接受。超声速火焰喷涂技术发展初期,由于采取的是冷却喉部燃烧,导致产生的焰流气体温度较低,所制备的涂层性能与爆炸喷涂制备的涂层相比性能较差。直到 20 世纪 80 年代末期,把超声速火焰喷涂技术的燃烧位置设计在直筒的燃烧室内,使燃料和氧气的燃烧更加充分,热效率更高,才使超声速技术真正登上热喷涂的舞台,并在之后发挥巨大的实用价值。有数种超声速氧燃料喷涂(high velocity oxygen fuel,HVOF)系统已研制成功并投入市场,如金刚石射流(Diamond－Jet)、冲锋枪(Top－Gun)、连续爆炸喷涂(CDS)、射流枪(J－Gun)、J－K 的改进型 Jet－Kote Ⅱ、Top－Gun 派生的 HV－2000 型、DJ 派生的 DJ－2600 型、J－Gun 派生的 DJ－2700 与 JP－5000 型等[1]。由于 HVOF 系统是使用气体燃料/船空煤油和氧气产生超声速射流,其成本很高。例如 JP－5000,根据 TAFA 公司所采用的典型工艺参数可知其需要的氧气流量为 $0.943\,8\ m^3 \cdot min^{-1}$,则每瓶氧气仅可维持 5～6 min。因此开发高速燃气喷涂(high velocity air-fuel,HVAF)系统成为近年来各国竞相研究的热点,但燃烧效率较低、射流速度较低。目前,美国、英国、日本、中国等国家已成功研制了 HVAF 系统[2]。

2.1 原理

超声速火焰喷涂利用氢气、乙炔、丙烯、煤油等燃料,用氧气作为助燃剂,在燃烧室或特殊的喷嘴中燃烧,在瑞利流和范诺流效应下,对于等截面喷嘴在喷嘴出口或对于拉瓦尔喷嘴在喷嘴内部焰流达到阻塞状态,从而产生温度高达 2 000～3 000℃、速度为 2 100 m/s 以上的超声速燃烧火焰,同时将粉末沿轴向或侧向送进火焰流中,产生熔融或半熔融的颗粒,并以 300～650 m/s 的速度撞击到基体表面并沉积形成结合强度高且致密的高质量涂层。超声速火焰喷涂制备的涂层比普通火焰喷涂或等离子喷涂制备的涂层结合强度更高、更致密[3-4]。

图 2-1 为两种超声速火焰喷枪(DJ-2700 和 JP-5000)的结构比较,其中 DJ-2700 是 Metco 公司在推出 Diamond Jet(DJ)标准型后投放市场的复合型超声速火焰喷枪,该喷枪以丙烷为燃料、氧气为助燃剂,燃烧部位气冷,其余部位水冷,不设热交换器,从而减少了热损失;而 JP-5000 型超声速火焰喷枪是 TAFA 公司推出的产品,该喷枪是以安全的航空煤油为燃料,吸入式送粉,热效率高,将氧气和液体燃料送进喷枪后部的燃烧室,并用火花塞点燃,粉末沿径向双孔加入内喷嘴喉管后的过渡膨胀负压区,因而不需要高压送粉系统。

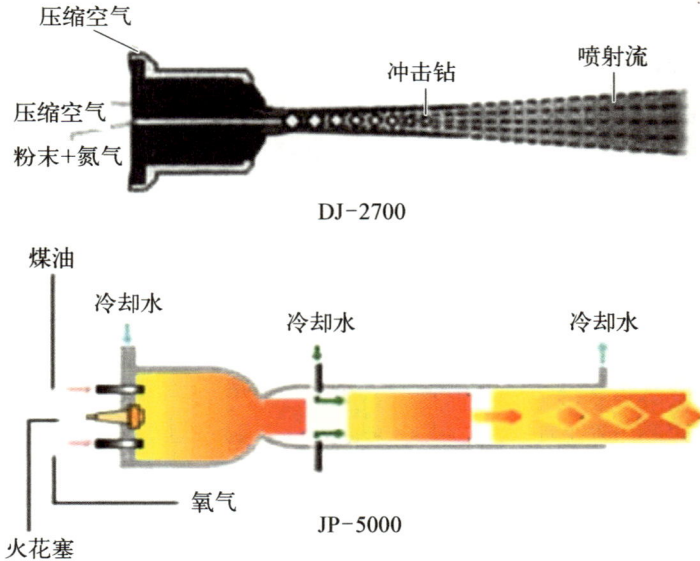

图 2-1 两种超声速火焰喷枪的结构比较

HVAF 的原理与 HVOF 类似,是利用丙烷、丙烯等碳氢系燃气或氢气与高压空气在燃烧室内或在特殊的喷嘴中燃烧,从而产生高温、高速的燃烧焰流,燃烧焰流速度可达 1 500 m/s(5 马赫)以上,然后将粉末沿轴向送进火焰,可以使喷涂颗粒加热至熔融或半熔融状态,并加速到 $300 \sim 500 \, \text{m/s}$,甚至更高的速度,最终撞击在基体表面形成涂层。

2.2　超声速火焰喷涂技术的应用

（1）减少环境污染。飞机起落架一般采用镀硬铬技术,而镀铬技术会对环境造成一定的污染,因此行业内采用超声速火焰喷涂技术喷涂 WC-Co 涂层逐渐取代镀铬技术,制备得到抗高温、抗磨损的起落架零件[5-6]。

（2）提高飞机发动机叶片的耐高温性。首先采用 HVOF 技术制备 MCrAlY 黏结底层,然后采用等离子喷涂制备氧化钇部分稳定氧化锆（YSZ）陶瓷顶层,这种复合涂层系统可以有效提高飞机发动机叶片的耐高温性。

（3）适用于离心泵、轴流泵、蒸汽锅炉及搅拌机转轴密封套等零部件的修复。

（4）适用于海洋工程液压件、水轮机叶片的抗气蚀及耐磨涂层的制备。

（5）适用于风机叶轮、球磨机等磨损件耐磨涂层的制备,其耐磨损性能大幅度超过用等离子喷涂制备的涂层,与爆炸喷涂制备的涂层相当,也超过了电镀硬铬层、喷熔层,应用极其广泛。

（6）适用于燃气轮机叶片、火焰筒、过渡段的抗高温防护涂层的制备。

速度的升高可缩短原料粉末在炙热射流中的停留时间,从而有助于防止其过热和脱碳。高速微粒撞击工件表面时还具有喷丸效应,故能生成具有低气孔率和高残余压应力的致密涂层。高速氧燃气硬质合金涂层非常坚硬,耐磨和耐腐蚀性能优良,可抛光至具有极低的表面粗糙度,如今已越来越多地用于替代诸如飞机起落架支柱和大型液压缸等设备所用的硬镀铬工艺。

2.3　超声速火焰喷涂的优势和局限性

超声速火焰喷涂技术是一种新兴的表面处理工艺,广泛应用于航天、汽车等领域。其主要优势在于能够实现更高的喷涂速度和更好的涂层质量。具体来说,超声速火焰喷涂利用高温气体将涂层材料加速至超声速,形成的涂层具有良好的致密性和附着力。此外,该技术还具有较低的热影响区,能够有效保护基材以避免热变形。

然而,超声速火焰喷涂也存在一些局限性。首先,设备投资和运行成本相对较高,对操作技术要求较高,限制了其在某些小规模应用中的推广。其次,喷涂材料的选择受到限制,某些材料可能无法达到预期的性能。因此,在选择超声速火焰喷涂技术时,需要综合考虑其优势与局限性。

2.3.1　超声速火焰喷涂的优势

(1) 只需较低功率和较小气体流量(高效能的特点)就可产生满足超声速喷涂要求的超声速焰流,喷涂温度比等离子喷涂温度低,粉末颗粒飞行速度快,与周围大气接触时间短,可有效防止喷涂材料的氧化和分解[7-8]。

(2) 通过合理调节气体流量与电参数,能够获得满足各种喷涂材料所需的超声速焰流;喷涂颗粒的速度可达到 2 100 m/s,这比其他热喷涂工艺的焰流速度快 5~10 倍。由于速度快,粉末颗粒携带强大的动能冲击在基体上,使涂层强度达 70 MPa 以上,致密度可达到 98%~99.8%,而其他热喷涂工艺一般只能达到 80%~90%。

(3) 适用工作电压范围宽(60~200 V),可以满足不同工作气体和不同材料喷涂参数的需要。

(4) 适用工作气体范围宽,可使用氩气加氢气、氩气加氮气、纯氮气、氮气加氢气的配气方案。

(5) 设计使用单阳极拉瓦尔喷嘴结构,为将粉末送入焰流高温区创造条件。

(6) 喷枪结构紧凑、轻巧,使喷枪的质量功率比(G/P)尽可能地小。喷枪装配、调节方便,可维修性比较强,易损件更换容易。自动和手动操作互换性强,不用更换枪座即可实现这两种功能。

(7) 独特的内送粉结构设计,可以解决因超声速等离子焰流速度快、刚性大、热熔低、加热时间短所造成的粉末难以熔化等不足,既能实现超声速等离子喷涂的高效能,降低成本,又能克服外送粉所造成的边界效应,改善涂层质量。

(8) 涂层杂质少,涂层残余应力小,有些情况下可得到设计的残余应力,从而可喷涂较厚涂层,且喷涂效率高。喷涂距离可在较大范围内变动而不影响喷涂质量。

由于 HVOF 涂层具有致密、结合强度高、氧含量低、界面平滑等特点,使其可成为低压等离子喷涂(LPPS)技术的有效替代工艺,在耐磨、抗氧化、机械零件修复等领域获得广泛应用。此外,超声速火焰由于受燃烧焰流温度的限制,与等离子热源相比速度高且温度低(约为 3 000℃)。对于 WC - Co 系硬质合金,可以有效地抑制 WC 在喷涂过程中的分解,使涂层不仅结合强度高、致密,而且可以最大限度地保留粉末中硬质耐磨的 WC 相,因此涂层耐磨损性能优越,与爆炸喷涂制备的涂层相当,并大幅度超过等离子喷涂制备的涂层,也优于电镀硬铬层与喷焊层,目前已获得广泛的应用。

2.3.2　超声速火焰喷涂的局限性

喷涂颗粒的极高飞行速度和相对较低的温度是 HVOF 最显著的两个特点,因此 HVOF 涂层具有非常高的密度、结合强度和硬度,但是 HVOF 仍然存在以下不足[9-10]。

(1) 适宜喷涂的材料较少。目前,热喷涂,尤其是等离子喷涂材料已发展到 550 种以上,涂层功能几乎涉及各种工业领域。而最能发挥 HVOF 特长的只是少数几种喷涂碳化物基的金属陶瓷粉,目前在工业上应用最多的主要是 WC - Co、WC - Co - Cr 和 NiCr - Cr_3C_2 喷涂层。不少文章论述了上述几种粉末的工艺特点及涂层性能,从中指出:高速度及较低的温度保证了粉末在喷涂中更少的氧化和失碳,从而使涂层有更高的硬度和更好的耐磨损性。但用 HVOF 技术喷涂一些金属和合金粉,优越性并不突出。

(2) 喷涂粉末的粒度较细,粒度分布集中。由于在 HVOF 过程中颗粒飞行速度很高,火焰温度又较低,粉末的加热时间仅为数千分之一秒,又由于气流带动大颗粒容易滞后(如 10 μm 粒度的 WC - Co 可达气流速度的 53%,而 50 μm 粒度只能达到 26%),因此对喷涂粉末的粒度及分布要求很高。

(3) 喷涂覆盖速度不够高。HVOF 设备制造厂家们称:喷涂 WC - Co 粉每小时可达 9 kg 或更高。但在实际生产过程中只能达到这个数量的一半,送粉率过高时生粉增多,使沉积效率剧减。

(4) 沉积效率较低。沉积效率不仅影响涂层的形成速度,更直接影响生产成本,如果沉积效率仅为 50%,这就意味着粉末单价增长一倍。据 Sulzer Metco 提供的数据:JP - 5000 和 DJ - 2700 喷涂 C - Cr_3C_2 - Ni(LW5)粉末,沉积效率分别为 38% 和 42%。多数国内用户认为,上述 HVOF 系统喷涂 WC -

Co 粉末的沉积效率通常低于 45%。一种现象是,喷涂起始时粉末容易沉积,但一旦生成一层硬涂层之后,沉积效率骤然降低,反弹似乎加剧。

(5) 枪管容易结瘤。JP-5000 配有长度不等的枪管,枪管的必要性和优越性在很多文章中都提到,但很少提到它经常结瘤。据有关用户反映,喷涂 WC-Co 粉末 30 分钟左右喷枪就会积瘤,必须停机进行清理。

(6) 热利用率低。对 HVOF 热利用率的计算报道不多,但相对而言,大量的气体高强度燃烧,冷却水和冷气又带走了大量热量,因此实际用于粉末的加热和加速的能量所占比例很少。

2.3.3 HVAF 和 HVOF 的对比

HVAF 与 HVOF 相比,有如下优势。

(1) 生产成本降低。HVAF 使用空气助燃,降低了喷枪内气体的氧含量,从而减少了喷涂材料的氧化。此外,以空气代替氧气,放宽了对粉末材料粒度的限制,进一步降低了涂层制备成本,大约降低了 50%[11]。

(2) 喷涂效率提高。HVAF 的喷涂速率是 HVOF 的 5～10 倍,沉积效率也得到了显著提升,根据不同性能要求,可达 40%～55%。

(3) 火焰与颗粒温度降低。HVAF 进一步降低了火焰温度(约 2 400 K),颗粒温度由 1 900 K 以上降至 1 600 K 以下,大幅改善了喷嘴沉积堵塞的问题。

(4) 冲击速度更高。HVAF 具有更高的冲击速度,达到 700～1 000 m/s。

(5) 能源利用率提高。HVAF 生产安全系数和能源利用率亦大幅度提高。

(6) 喷涂系统与备件价格降低。HVAF 系统与备件的价格相较于 HVOF 有大幅度的降低。

此外,HVAF 涂层虽然也有与 HVOF 类似的缺陷,但由于在 HVAF 的喷涂过程中氧气与金属的接触时间更短,使得更多的氧化物质,如 FeO_x,积累在颗粒边缘,使制备涂层的氧含量通常低于 HVOF 涂层的氧含量。其制备的涂层有如下优点。

(1) 耐腐蚀性:在模拟海水中,HVAF 涂层的耐腐蚀性优于 HVOF 涂层,这一优势归因于 HVAF 涂层的低氧含量,因为这些氧化物(主要是 FeO_x)可能阻碍钝化膜的形成并抑制腐蚀点的形成。

(2) 摩擦系数和磨损性能:HVAF 涂层的硬度高于 HVOF 涂层,这意味着 HVAF 涂层的摩擦系数也更高。由于 HVAF 涂层的硬度较高,它可能更容易发生剥落和疲劳磨损,尤其是在有裂纹的情况下。

(3)结合强度:HVAF 铁基非晶涂层的结合强度非常高,断口形貌显示涂层与基体之间是通过机械结合的方式连接的。

(4)热稳定性:热震试验表明,HVAF 涂层在海水和空气中都具有很好的抗热震性能,这与涂层与基体的热膨胀系数相匹配有关。

综上所述,HVAF 和 HVOF 虽然在某些方面相似,但是 HVAF 在生产成本、喷涂效率、火焰与颗粒温度、冲击速度、能源利用率以及喷涂系统与备件价格等方面相较于 HVOF 都有显著的优势。在耐腐蚀性、摩擦系数、磨损性能、结合强度和热稳定性等方面也存在显著差异。这些差异使得 HVAF 涂层在特定的应用领域,如海洋防腐和地下核储存,具有更优越的性能。

参考文献

[1] 神和彦.根据数据模拟探讨喷嘴形状对超音速火焰喷涂工艺的影响[J].热喷涂技术,1998(3):55 - 57.

[2] 王志健,田欣利,胡仲翔.超音速火焰喷涂理论与技术的研究进展[J].兵器材料科学与工程,2002,25(3):63 - 66.

[3] 杨辉,李长久.超音速火焰喷涂的火焰速度特性[J].中国表面工程,1998,39(2):37 - 41.

[4] 王华仁.超音速火焰喷涂技术及应用[J].东方电机,2007,1(4):45 - 50.

[5] Nestler M C,Prenzel G,Seitzt T. HVOF spraying vs hard chrome plating coating Characteristics and air craft applications[C]//Proceeding of 15th International Thermal Spray Conference,1998:567.

[6] Arsenault B,Immarigeon J P. Slurry and dry erosion of high velocity oxy-fuel thermal sprayed coatings[C]//Proceeding of 15th International Thermal Spray Conference,1998:231.

[7] 张平,王海军,朱胜,等.高效能超音速等离子喷涂系统的研制[J].中国表面工程,2003,3(16):12 - 16.

[8] 神和彦.根据数据模拟探讨喷嘴形状对超音速火焰喷涂工艺的影响[J].热喷涂技术,1998,1(3):55 - 57.

[9] 王志平,董祖珏,霍树斌.HVAF 与 HVOF 喷涂涂层性能的研究[C]//第十次全国焊接会议论文集,2001:153 - 156.

[10] Schwetzke R,Kreye H. Microstructure and properties of tungsten carbide coatings sprayed with HVOF spray system[C]//Proceeding of 15th International Thermal Spray Conference,1998:187.

[11] 郭瑞强.HVAF 与 HVOF 铁基非晶涂层的结构与性能研究[D].武汉:华中科技大学,2011.

第 3 章

高速燃气喷涂系统

本章通过坐落于美国加利福尼亚的一个家族企业——Kermetico 公司生产的相关设备，介绍高速燃气喷涂系统。Kermetico 公司不仅是喷枪开发商，同时也生产全套的高速燃气喷涂系统。

3.1 AcuKote 超声速火焰喷涂系统及喷枪参数

AcuKote 超声速火焰喷涂系统是由 Kermetico 公司研发的，它利用压缩空气和低燃烧值燃气产生的低温、高速焰流来加热并加速包括金属、金属合金或者金属陶瓷的粉末，从而使喷涂颗粒产生很大的塑性变形。设备主燃料气体为丙烷、丙烯或者天然气。通过调整主燃料和助燃气体的流量，可以精确地将喷涂颗粒的温度控制在熔点温度或者略低于熔点温度，从而实现固态颗粒喷涂模式，形成高质量涂层。这样的设计理念也符合国际上流行的"Warm Spray"的趋势（注：国际上把喷涂细分成了 Thermal Spray、Warm Spray 和 Cold Spray 三种不同的形式）。

目前 Kermetico 公司在中国、美国、欧洲和日本安装了数百套 Kermetico HVAF 系统，其中部分用户为大学和科研院所，但多数为热喷涂厂家。Kermetico 公司的 HVAF 系统制备的涂层结合强度高、孔隙率低、硬度高，可制备耐磨、耐蚀、导热、绝缘、导电、密封等涂层，在机械制造、航空航天、水利电力、矿山冶金、石油化工、造纸、皮革等领域有广泛的应用。

Kermetico 公司目前生产控制台、送粉器、喷枪等设备。Kermetico 公司生产的喷枪性能参数如表 3-1 所示。

表 3 - 1　喷枪性能参数

喷枪型号	功率/kW	喷涂效率/（kg/h）	空气流量/slpm①	丙烷流量/slpm
C7	200	33+	3 500～10 000	90～200
AK07	200	33+	9 900	95～150
C6	130	30	7 000	70～100
AK06	130	30	7 000	70～100
AK05	80	15	4 000	40～80
AK05H	80	15	4 000	40～80
AK5	80	15	4 000	40～80
AK05ID	80	15	4 000	40～80
AK04ID	35	5	2 000	15～35
AK04ID - RA	35	5	2 000	15～35

3.2　AcuKote - HVAF

本节围绕 AcuKote - HVAF 的基本性能、涂层性能、工艺参数、优化方案 4 个方面对高速燃气喷涂系统进行介绍。

3.2.1　基本性能

AcuKote - HVAF 是 Kermetico 公司生产的高速燃气喷涂和喷砂系统设备,配备包括内孔喷枪在内的 AK 系列喷枪,功率为 20～200 kW,可用于硬质合金等涂层的喷涂,图 3 - 1 为 AK 系列喷枪工作示意图。

AK 系列喷枪使用的气体为压缩空气[氧化剂(参与燃烧)及冷却气体]、丙烷、丙烯、丙烷-丁烷混合气体和天然气(燃料)。

AcuKote - HVAF 技术有如下显著特征。

---

① slpm 为流量单位,表示常温、常压状态下标准升每分钟,即 L/min。

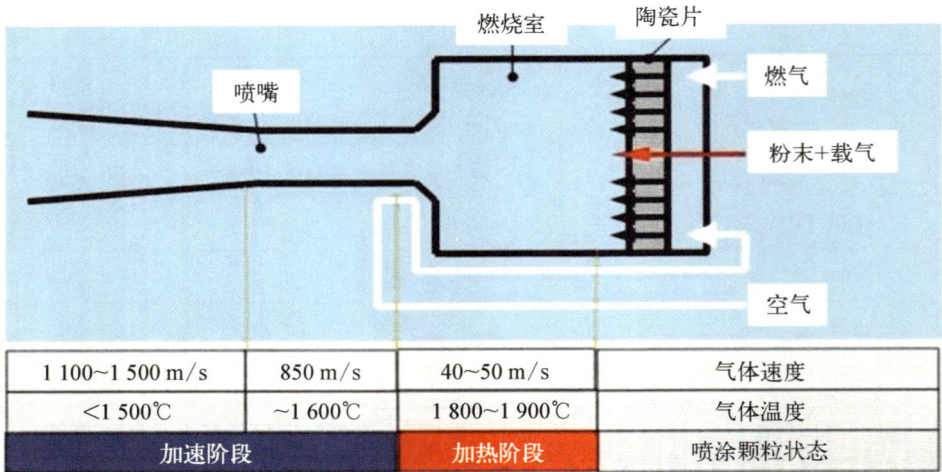

1 100~1 500 m/s	850 m/s	40~50 m/s	气体速度
<1 500℃	~1 600℃	1 800~1 900℃	气体温度
加速阶段		加热阶段	喷涂颗粒状态

图 3‑1 AK 系列喷枪工作示意图

（1）加热段与加速段分离，精确控制材料温度。空气与燃料混合气体的燃烧温度相对较低，使喷涂粉末颗粒能沿狭长的燃烧室轴向注入，在燃烧室内，较低的气体速度能保证粉末颗粒有充足的加热时间。而燃烧室内不同高压的设置，也将为颗粒提供不同级别的初始能量。根据不同材料及其熔点等特性，设计并选择不同长度的燃烧室（见图 3‑2）以及不同长度的注粉器。材料熔点相对高、颗粒相对粗的粉末选用图 3‑2 中最长的 3 号燃烧室，而材料熔点相对低（如金属、合金）或粒度更小的粉末则选择 1 号或 2 号燃烧室。

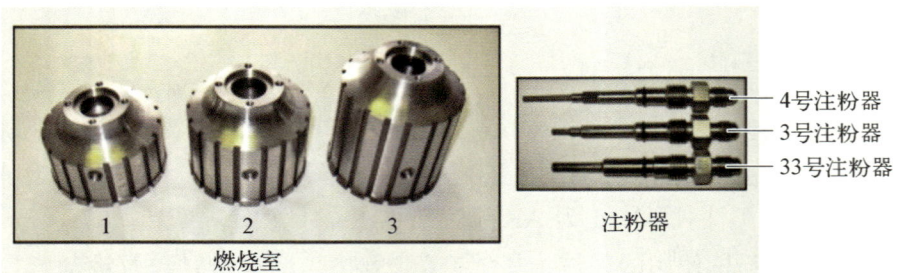

图 3‑2 不同长度的燃烧室与注粉器

同时，大直径喷嘴消除了其他喷枪所谓的长度限制，为空气中大量的氮气提供通道，并确保喷嘴内壁不与粉末颗粒发生相互作用，喷涂颗粒可以被加速到很高的速度,通常情况下可以达 800~1 080 m/s,甚至更高。

（2）涂层质量高。空气-燃料混合物的燃烧温度比氧气-燃料混合物的温度要低 1 000℃左右,火焰温度为 1 100~1 980℃,此温度等同或稍高于金属熔化温度,对硬质合金及金属粉末喷涂所需的渐进加热来说非常理想。相比而言,HVAF 技术中氧气的初始含量比 HVOF 至少要低 50%。这两个因素（低温及低氧）能防止粉末被氧化及碳化物在合金中的分解,即使在硬质合金涂层硬度高达 1 600 HV$_{300}$ 的情况下,还能保留住粉末原材料的延展性。喷涂粉末流的直径只有喷嘴直径的几分之一。因此,喷嘴内壁不与粉末颗粒发生相互作用,对喷涂颗粒速度的影响几乎可以忽略,从而为颗粒提供均匀的加速度,同时提高涂层结构的一致性。

（3）空气助燃及冷却,生产成本低。当粉末颗粒在燃烧室通过高压加热时,粉末的热传导效率最高,而燃烧室的设计特点保证了粉末颗粒能停留较长时间以便受热。HVOF 燃烧温度较高（见图 3-3）,使喷涂粉末不得不以极快的速度迅速穿过燃烧室,以免出现材料烧损,如喷涂碳化钨材料时的加热温度过高过长,则可能出现材料烧损而脱碳,因此当 HVOF 涂层出现异常高硬度时,需要仔细分析甄别,此时的涂层可能已经脱碳,生成了硬而脆的涂层。因此,相比其他的高速喷涂方法,HVAF 技术的能量传输效率显著增加,如

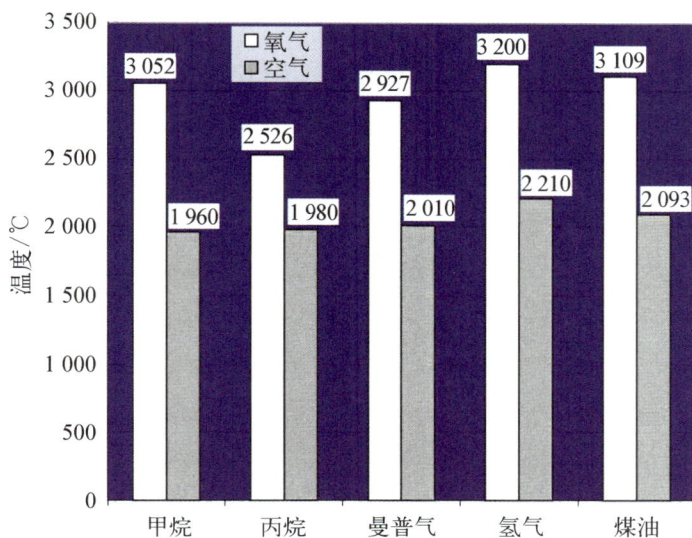

图 3-3　HVOF 与 HVAF 的燃烧温度对比

WC－10Co－4Cr 高达 33 kg/h。较高的加热效率也是 AcuKote－HVAF 涂层成本降低的首要因素。

根据以上特征我们可以看到，由于 HVAF 的燃烧温度相对低，使得喷涂粉末仅以 40～50 m/s 的速度在燃烧室内"缓慢"地加热，这种长时间"软"加热（比 HVOF 加热时间长 5～10 倍）的方式甚至可能将温度控制在材料熔点之下，这就允许燃烧室对远高于 HVOF 注入数量的粉末进行初始加热而不会造成材料烧损失碳。当粉末颗粒获得足够能量飞行到喷嘴时，将根据工艺要求被不同长度形状的喷嘴加速，形成不同的加速效果，即 HVAF 的加热区与加速区是分开的。AcuKote－HVAF 加工的涂层具有高硬度及高致密性，同时具备良好的延展性。由于燃料被有效使用，所以该系统具备高质量、低成本的特点。

3.2.2　涂层性能

一般情况下，JP 喷枪都是在 110 psi[①] 以下的燃烧室压力下进行涂层沉积，因为当高于该压力时，颗粒速度会高于一定极限而出现喷砂效应，将不会再有涂层的沉积。

通过芬兰 Oseir 的 Spray Watch 在线监测设备或加拿大 Tecnar 的 Acuraspray 在线监测设备将 HVOF 和 HVAF 的颗粒速度进行比较，可以发现 45/15 μm 粒度的 WC－Co－Cr 的颗粒速度如下：DJ 氢气版的颗粒速度为 500～600 m/s；JP5000 的颗粒速度为 600～700 m/s；C7 枪的颗粒速度是 800～850 m/s。HVAF 可以实现非常高的颗粒速度，但这并不是最重要的，只有通过适度的高速飞行颗粒，形成致密或超致密的涂层，才能使效率更高，成本更低。

图 3－4 所示为颗粒速度与沉积效率关系曲线，可以看到当颗粒速度从 800 m/s 增加到 1 000 m/s 以上时，沉积效率显著下降。

图 3－5 所示为颗粒温度与沉积效率关系曲线，可以看到当颗粒温度从 1 450℃增加到 1 800℃的过程中，沉积效率先上升，达到峰值后再下降。当颗粒速度为 820 m/s、温度为 1 600～1 650℃时，沉积效率达到最高点（60%～65%）。当颗粒速度为 950 m/s、温度为 1 500～1 550℃时，最大沉积效率仅为 43%～47%，沉积效率在较低的颗粒温度下达到最大，与 $v=820$ m/s 相比，最

---

① 1 psi(磅力每平方英寸)＝1 tbf/in^2＝6.894 76×10^3 Pa。

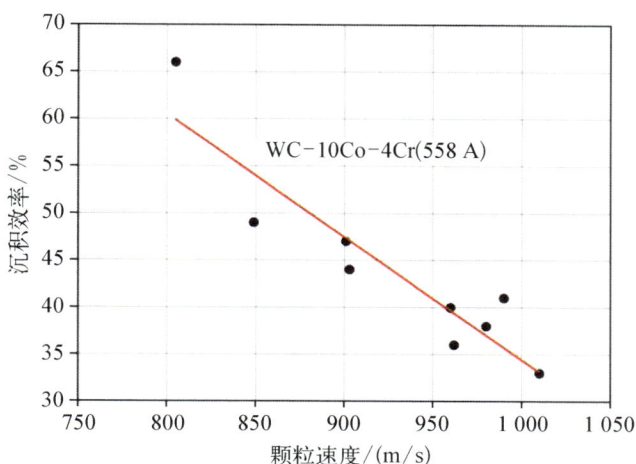

图 3 - 4　颗粒速度与沉积效率关系曲线

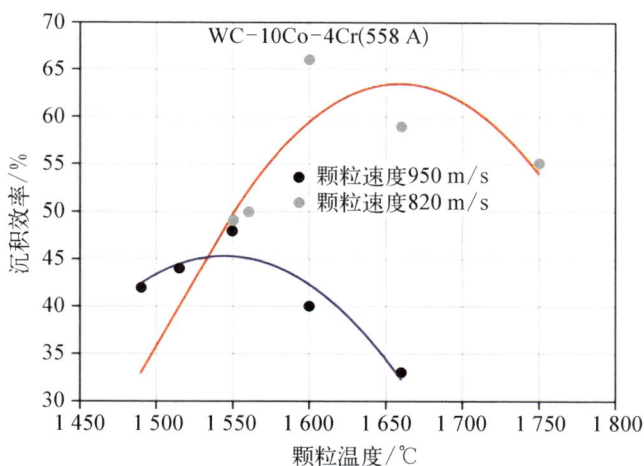

图 3 - 5　颗粒温度与沉积效率关系曲线

大沉积效率(DE)值较低。

颗粒速度增加导致冲蚀效应(喷砂)增加,致使其部分结合功能下降,同时沉积效率也就下降。如果相对低温的颗粒刚性足够,将获得更致密、更硬的涂层,同时涂层的应力增加。当颗粒速度到达某一个数值时,沉积效率将变得非常低,涂层的应力也会非常大,涂层变得很脆,则会失去使用价值。

当喷涂颗粒的温度升高时,它的强度在下降。随着速度增加,颗粒开始因为冲击而分裂或飞溅成更多液滴,当颗粒速度增加到一定数量级后,沉积效率开始下降。在加热早期,这些颗粒随着速度的变快而发生破坏,这样较软的颗粒(特别是完全熔化的颗粒)将会使涂层致密度和硬度变低。

每个颗粒速度都有其涂层质量曲线,当到达沉积效率温度峰值时,沉积效率将达到最佳值。超过了临界温度(T_c)之后,更多的加热将导致涂层质量下降,沉积效率也将下降。临界温度不仅取决于颗粒速度,同时也取决于材料刚性或温度相关强度。比如,WC-Co(Cr)晶粒越大,其材料刚性越强。当化学成分相同时,粒度为 2.5 μm 的 WC-Co(Cr)粉末的临界温度将大于粒度为 1.0 μm 的 WC 粉末,烧结破碎的粉末比团聚烧结的粉末刚性更高。

通常,传统的 HVAF 将遵循着 DE-温度曲线的左侧上行曲线运行(颗粒温度低于临界温度),这时传统的 HVOF 通常是在另一侧下行曲线上运行(颗粒温度高于临界温度)。C 系列 HVAF/HVOF 设备的精妙之处在于,它可以发现适合于每种粉末的不同规格的曲线,并发现适合它的 T_c 值。首先,需要确定涂层品质(硬度、孔隙率等),例如,先确定一个质量目标,喷涂颗粒的速度基本上可以决定涂层的品质。然后,选择适当规格的喷嘴(长度、扩张程度),简单地说,选择经济、平衡、超精等不同的喷涂模式。

通过改变燃烧室压力来微调喷涂颗粒的速度,然后开始喷涂和测量涂层的沉积效率,先从 HVAF 模式开始,然后渐进地通过增加和提升氧气流量来增加颗粒温度(从 HVAF 模式变为 HVOF 模式)。当到达某一点时,发现进一步增加氧气含量不能提高涂层的沉积效率,则表明已经达到该粉末的临界温度。再适量下调少许氧气含量,这就是最佳沉积效率所在的质量区间。类似的试验案例如下:45/11 μm 粒度的 WC-10Co-4Cr 硬度目标为 1 000~1 200 HV_{300}。在平衡模式时,硬度达到 1 260 HV_{300}(颗粒速度约为 800 m/s)的最佳沉积效率为 38%;在经济模式时,硬度达到 1 180 HV_{300} 的沉积效率为 51%。在喷涂细粉末(粒度 30/5 μm 或 22/5 μm)时,HVAF 的超精模式可获得最佳涂层。此时注入氧气,将会降低沉积效率,因为细粉的临界温度是在传统的 HVAF 模式下达到的。

3.2.3 工艺参数

按表 3-2 所示的喷涂参数喷涂若干组样品,进行工艺参数可行性的研究。

表 3 - 2　喷涂参数

试验编号	丙烷压力/psi	空气压力/psi	送粉速率/(g/min)	喷涂距离/mm	氢气流量/slpm	空气压力/丙烷压力
1	62	86	100	120	0	1.39
2	62	90	120	150	0	1.45
3	62	94	140	180	0	1.52
4	65	86	120	180	0	1.32
5	65	90	140	120	0	1.38
6	65	94	100	150	0	1.45
7	68	86	140	150	0	1.26
8	68	90	100	180	0	1.32
9	68	94	120	120	0	1.38
10	65	90	140	120	35	1.38

　　当喷枪的横移速度为 1 000 mm/s、步进为 3 mm 时,研究人员分析了第 3、7、9 组试验的工艺参数是否会对喷涂设备造成损害。当空气出口压力设置为 94 psi 时,需要功率为 100 hp[①] 以上的空压机设备来保证空气入口的压力不会低于 114 psi。当空气出口压力设置为 94 psi 时,第 3 组试验因为丙烷出口压力太低出现了问题。第 4 组和第 7 组试验的参数实际上已经超出了喷枪的工艺范围,对喷枪虽然不会有损害,但是喷枪不会燃烧。

　　可以通过以下讨论来理解不同工艺参数的设置对喷涂的影响。

1) 氢气在 HVAF 工艺中起到的作用

　　氢气具有非常高的热导率,可以通过氢气流量来微调燃烧气体与粉末之间的热传递。这种影响从流量表读数 15 slpm 开始,当氢气流量高达 40 slpm 时将开始影响粉末流,这也是氢气流量的上限。所以氢气流量的工艺参数区间是 15~40 slpm,一般情况应设置在 35 slpm。此外,氢气与冷却空气将在注粉器周边燃烧,将束流集中化并进一步加热粉末,防止粉末氧化。

---

① 　1 hp(马力)=745.699 9 W。

2）增加丙烷压力和空气压力起到的作用

增加丙烷压力的目的是确保合适的空气燃料比例,结果将导致燃烧室压力增大。随着拉瓦尔喷嘴气流对喷涂颗粒的加速,将提高喷涂颗粒在燃烧室内的速度,减少喷涂颗粒在燃烧室内的加热时间,最终导致喷涂颗粒温度的降低。

3）用丙烯替代丙烷时对空气压力的调节

当用丙烯时,其工艺思路以及改变燃烧比时的步骤与用丙烷时基本相同,用丙烯时的空气压力会低 1～2 psi、喷涂颗粒温度会略高。

当空气压力为 85 psi 时,丙烷的有效工作压力范围是 59～64 psi,空气压力允许下调到 82～83 psi(即相应地降低丙烷压力),这不会影响涂层的沉积和涂层硬度。事实上,当空气压力为 82 psi 时,会得到更高的涂层硬度。但是在石墨/氧化铝陶瓷片上却没有得到同样的硬度数据,其中氢气流量为 35～40 slpm,氮气流量为 30 slpm。

危险范围:当丙烷压力过低时,火焰传播速度将变得不稳定,焰流进入陶瓷片小孔而产生高频啸叫,一定要设法避免此情况的发生。

理想范围:增加丙烷流量,束流中会出现绿色,表明丙烷没有完全燃烧,此时火焰处于最热的状态,热传导率也最高。

为了探索不同喷嘴长度配置对流体喷射特性的影响,我们选择 AK06 喷嘴作为基础喷嘴,并进行了以下几种配置的试验。

(1)只采用 AK06 喷嘴进行基本喷涂试验。

(2)在 AK06 喷嘴基础上,增加一个 4 in①的延长喷嘴,命名为 P2,以观察延长喷嘴对流体喷射流型和流量的影响。

(3)在 AK06 喷嘴上增加一个 6 in 的延长喷嘴,命名为 P3,进一步分析延长喷嘴对喷涂涂层性能的影响。

通过对这 3 种喷嘴配置的试验比较,可以深入了解不同喷嘴设计对流体动力学特性的影响,从而为后续的喷嘴优化及应用提供理论依据和试验数据支持。对制备的涂层进行试验分析发现,采用 P2 得到的涂层硬度增加约 3 HRC,采用 P3 硬度却降低了 1 HRC,因此 P3 对喷涂粗粉(粒度 15～45 μm)有明显的帮助。综上所述,增加喷嘴的长度会增加相应的颗粒速度,但对 5～

---

① 1 in(英寸)=0.025 4 m。

30 μm 粒度的细微颗粒效果不明显。

3.2.4　优化方案

为确保基体表面线速度为 800～1 000 mm/s 以及喷枪横向移动步长为 2 mm/圈,可改用 2 号喷嘴和 3 号注粉器。关于球体喷涂,通常它的转速 rpm[①] 是一样的,但枪的来回移动速度会变动(在小直径的零件上要较快,在大直径的零件上较慢)。我们设置小直径零件上的喷枪横向移动步长为 2 mm/圈,大直径零件上的喷枪横向移动速度应该慢些(与直径大小成反比),喷距 165 mm,预热 50～65℃。在此之后,表面温度越低越好(但在下次喷涂之前,不要低于 40℃)。在喷涂一次之后,温度不应该超过 138℃(最好低于 120℃),下次喷涂之前应在 65℃ 左右。最好让冷却喷嘴直接喷小直径零件表面来达到冷却的目的。最好单遍喷涂厚度控制在 25～30 μm。送粉器转速为 8～10 rpm。比较推荐复混和喷涂 Al_2O_3 粗砂(粒度为 220 目[②],混合体积比为 50/50),送粉器转速应该在 16～20 rpm。氢气在流量表上显示大约为 35 slpm。

经过优化后的喷涂工艺(天然气版)如表 3 - 3 所示。通常天然气中有一些丙烷的成分(能量与甲烷比相对更高),所以燃料的压力应该相对更低。

表 3 - 3　优化后的喷涂工艺

喷嘴	注粉器	空气压力/ psi	甲烷压力/ psi	氮气/ %	氢气/ %	甲烷流量/ slpm	燃烧室压力/ psi
5～13L	3 号	89.5～90.5	最好 82～92 点火 83～87 工作 84～89	35	35	最好 140～190 工作 145～175	最好 65～67.5 工作 66～67

空气出口的压力为 90 psi,我们建议其工作窗口燃料压力应为 84～89 psi,事实上,颗粒温度从燃烧压力 84 psi 之后就不再上升。然而,更多的燃料将给喷涂基体带来更多的热输入,这对喷涂厚基体或大工件是极有帮助的。推荐的喷涂距离为 150～180 mm,喷枪在平面工件表面的横移速度为 900 mm/s。强调一下,对厚工件而言,更多的热输入,需要更慢的相对运动速

[①]　rpm=r/min。
[②]　目指每英寸筛网上的孔眼数目。

度。例如,在采用丙烷喷涂时的相对速度应该设置为 900 mm/s,对厚工件则应设置为 800 mm/s。如果可能,可以保持氮气的流量为 30 slpm,氢气的流量为 35 slpm。在使用天然气时,氢气的使用要非常小心。喷枪可以在非常宽的工作参数范围下运行,所以运行肯定没什么问题。需要注意的是,在较低的燃烧压力下更容易点枪。如果使用甲烷,在 82~87 psi 压力范围下,则更容易点枪;当压力大于 88 psi 时,则会出现问题。点枪后应将甲烷压力调整到 92 psi。82 psi 的甲烷压力是喷枪可以运行的最低压力值,再低可能不能正常工作,甚至有损坏陶瓷片的可能。

如果燃烧在燃烧室内部全部完成,在喷嘴处不可能看到火焰。因为如果看到火焰,就意味着燃烧并没有完成。但我们发现 HVAF 技术有一种特殊情况,即使看不到火焰(其实火焰非常小),燃烧依然在束流中进行。所以,不用担心天然气燃烧束流看起来非常暗淡,天然气的燃烧远比丙烷容易。当你加入更多的燃料,束流将看起来更鲜亮,那时的焰流与丙烷相似。但这只意味着是富燃料燃烧,助燃剂是从大气中抽取的空气。需要强调的是,助燃剂对加热基体将起到非常重要的作用,有助于获得高质量的涂层。空气出口的压力(高或低)可以根据燃烧压力的变化而改变。当燃烧室压力达到 65~66 psi 时,增加燃烧室压力将会导致相对更低的沉积效率,而降低压力则会得到更高的沉积效率。采用天然气的沉积效率比采用丙烷的略低,并且如果采用拉瓦尔喷嘴,就不需要再继续增加空气压力。另外,不推荐将燃烧室压力降低到 60 psi 以下,它可能会影响涂层的质量。当然这些都是根据经验的建议,关于使用天然气的问题还需要更多的研究。

对于带有 3P 燃烧室的 AK07 喷枪,喷嘴外径为 13 mm,拉瓦尔扩展后的直径是 14.9 mm,标配只有 5 号-13L 喷嘴。在工艺调试过程中,一定要注意粉末粒度的选择,并根据工件的形状,计算出工件表面线速度的数值以及设备喷枪的步距,配合送粉器的转速,再考虑工件的形状与工况,设置适当的工艺值。如果喷枪与工件之间相对速度过低(如 400 mm/s,甚至更低),基体的喷涂点可能过热,此时的涂层将开裂或存在开裂的趋势。涂层如果没有可见裂纹,则可能的原因是涂层的孔隙率过大。如果喷涂粗粉应配置 3 号燃烧室、3 号喷嘴;如果使用 3 号燃烧室的配置,则应使用 3 号喷嘴和 3 号注粉器,并将氮气的压力降到 30 psi、氢气的压力提高到 35 psi。此时,每遍喷涂的涂层厚度不应该超过 25 μm。硬面金属非常脆,而司太立 20 由于其硬度的原因也"足够"

脆。要想获得高质量涂层,至少需要将喷枪的移动速度提高至 1 000 mm/s 以上,对应的将送粉速度提升至每遍约 20 μm。高喷涂速度将导致喷涂点温度更高,继而获得更好的涂层质量。

如果设计的是致密的耐腐蚀涂层,当使用 5 号、6 号、7 号喷枪时最好采用 5～30 μm 粒度的细粉,如果没有相应粒度的细粉,也可以使用 15～45 μm 或 20～53 μm 粒度的粉末。但此时最好采用 HVOF/HVAF 双功能的 C 系列系统。如果采用 4 号或 5 号喷枪的内孔喷涂,则需要更细的 2～10 μm、5～15 μm 粒度的粉末,以获得更加致密的涂层。对内孔直径较小的产品进行内孔喷涂,如果要实现理想的涂层硬度则需要进一步深入研究。一位客户购置了 AK04 ID 内孔喷枪,新枪调试后操作运转顺利。客户在进行喷涂测试时发现喷涂样品的硬度远低于美国原厂提供的喷涂样品的硬度(960 HV_{300}),客户喷涂的样品硬度仅为 646 HV_{300}。客户对此测试结果很不满意,期待喷涂涂层的硬度能达到原厂样品的效果,超过 900 HV_{300}。可行的解决方法是将喷涂间距拉大,但对于客户现有的产品不具备这个喷涂距离。其喷涂工件直径只有 95 mm,且管子内部有间隔。基于这些因素,合适的喷涂间距应为 20～25 mm。

在设备运行过程中,一定要重视以下几个要点。

(1)氮气流量:较低的氮气流量通常是好的,比较安全的是在 40 slpm 左右。有时,当流量表上的氢气流量显示 80 slpm 的时候,设备其实是在 25～30 slpm 的氮气流量下运行。如果氮气流量不稳定,压力在送粉器粉斗内持续上升,送粉管将会堵塞。如果送粉器的 O 形圈不在正确的位置也可能发生此类现象。或者最初送粉器在高转速送粉时,氮气和氢气流量过低或混有太多的细粉,都可能造成此类现象。如果送粉前其流量设置在 45 slpm,送粉后氮气流量将会下降到 40 slpm。

(2)氢气流量:如果系统有段时间不用,残留在送粉管内的粉末可能会导致氢气输送管线上的过滤器堵塞。如果点枪后,在送粉前设置了高的氢气值,它将会清洁过滤器。所以,通常可以将氢气设置在 85 slpm 左右,当送粉后,其流量将下降到 75～80 slpm。

(3)陶瓷片:当空气与丙烷配比失衡时(丙烷太少),陶瓷片将开裂,焰流速度将增加,燃烧将在陶瓷片的小孔内进行,这将会导致陶瓷片过热和星状开裂。白色的陶瓷片对这种情况尤其敏感。低丙烷流量将导致喷枪产生高频啸叫,过高丙烷流量将产生低沉的嗡嗡声。在这种现象出现之前,你能看到绿色焰流。燃烧焰流略有些绿色还勉强可以接受,但喷涂时最好避免,应该是干净的蓝色火焰。在高丙烷流量设置下运行设备是安全的,但是在低丙烷流量下运行喷枪是非常不安全的。当你安装喷嘴时,不要将它拧得过紧。事实上,用手将它旋紧就足够了,而不是使用扳手将喷嘴旋紧,安装的标准应该是可以比较容易地用手将它转动。螺母内的弹簧是确保燃烧室和喷嘴在受热扩张时依然可以正常工作。如果将喷嘴固定得太紧,其热扩张的能力将受到限制,结果将会使扩张压力转移到燃烧室内的陶瓷片上,这是导致陶瓷片破裂的另一个原因。

近年来,我们在陶瓷片和喷嘴的安装结构设计上进行了一些优化以消除这些问题。除非有特别需要的理由,尽量不要随意拆装燃烧室,每次拆装多少都会不同程度地影响陶瓷片的状态,即使肉眼没有发现什么变化。如果安装了一块新的陶瓷片,它应该可以顺利地正常工作,如果它的工作不正常,则一定是喷枪组装不正确。绝大部分的错误来自燃烧室后部的 4 个螺栓安装的不适宜,它必须固定适度,每天工作前都需要检查一下。有时在喷枪工作之后螺栓会变松,每次停枪后都需要检查,如有松动,一定要及时紧固。

表 3-4 是温州某企业的喷涂工艺参数。本次试验所用设备为美国 Kermetico 公司的 HVAF 设备,设备型号为 AK02,喷枪为 AK07,选用 3 号燃烧室、5L 喷嘴,选用的粉末为矿冶科技集团有限公司生产的 WC-10Co-4Cr 粉末,粒度为 15~45 μm。

表 3-4　温州某企业的喷涂工艺参数

参　数	第一组	第二组
空气压力/psi	92	88
丙烷压力/psi	64.3	61.7
氢气流量/slpm	40	40
氮气流量/slpm	35	35
燃烧室压力/psi	55.8	52.8
喷涂距离/mm	150	150

续　表

参　数	第一组	第二组
移动线速度/(mm/s)	1 200	1 200
步距/mm	2	2
送分转速/(r/min)	5	5
喷涂次数/次	12	17
涂层厚度/μm	290	310

第4章

高速燃气喷涂设备细节要点

设备进步都源于应用的需求,应该用发现的眼光寻求生产实践中的闪光点,再以深厚的理论基础为指导,将那些细微的变化或趋势通过一系列生产实践进行证明、完善与改进,才能使设备、技术不断进步,HVAF设备发展史也是如此。

2019年,Kermetico公司的HVAF设备已经将加热区与加速区分开,以AK06喷枪为例,加热区主要有3种不同规格的燃烧室,它们直径相同,但长度不同,1号最短,3号最长;喷嘴版本有3L、4L、5L、5E、5O,数字越大,编号越高,涂层性能则越好,沉积效率在一定范围内线性下降,而其他型号的设备革新是在3L基础上不断研发、实践、生产、完善之后才成形的。由于HVAF的燃烧介质主要是空气与丙烷,燃烧温度只有1 800～1 900 ℃,对材料的烧损极少。为拓宽HVAF设备的喷涂窗口,HVAF C系列设备加入了10～20 L/min的氢气与1～150 L/min的氧气。氢气的功能是提高粉末的热交换能力,让HVAF更容易实现HVOF无法实现的喷涂速度,达到20 kg/h,甚至30 kg/h。氧气的功能是提高燃烧温度,这样当喷涂15～45 μm粒度的粉末时,更能完成充分的熔融及加速,形成不低于HVOF的喷涂速度、沉积效率和涂层品质。

4.1 高速燃气喷涂成套设备构成

HVAF设备主机由以下5部分组成:控制柜(见图4-1)、送粉器(见图4-2)、喷枪(见图4-3)、汽化器和管路组件(见图4-4)。同时,还需要外围配套空压机、喷涂间通风除尘、机械手转台等。

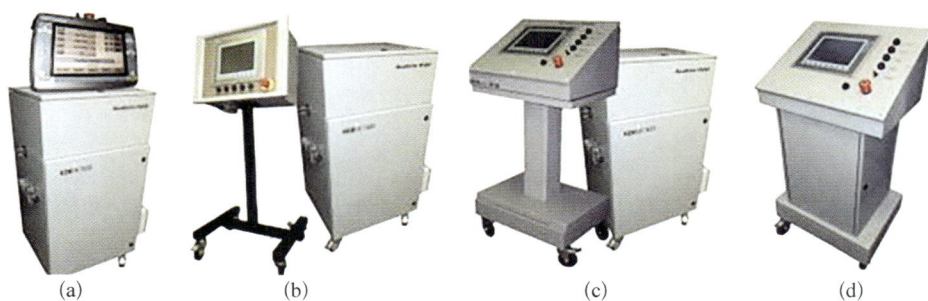

图 4-1　控制柜类型

(a) C-01;(b) AK02-14;(c) AK02-M;(d) AK02-T

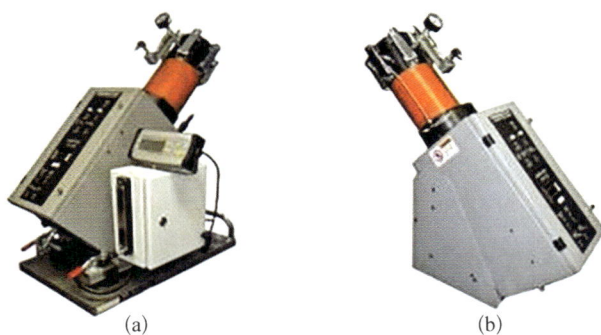

图 4-2　送粉器类型

(a) 1200HPS;(b) 1200HP

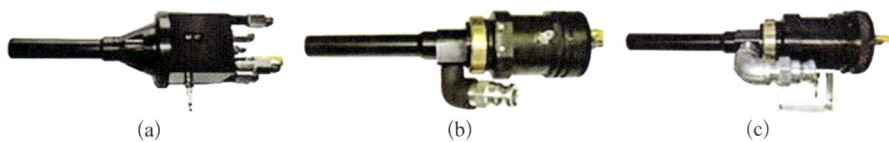

图 4-3　喷枪类型

(a) AK77;(b) AK07;(c) AK06

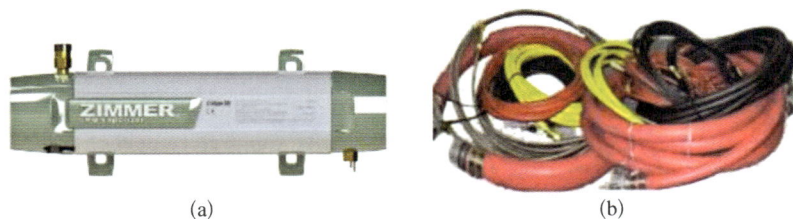

图 4-4　Z25P 汽化器和管路组件

(a) 汽化器;(b) 管路组件

4.2 送粉器

送粉器是喷涂设备中不可缺少的重要组件,它的主要功能是将所需粒度粉末稳定地输送到喷涂系统,使粉末加热、加速熔化,形成高速颗粒流,最终撞击基体形成涂层。送粉器的稳定性与精度很大程度上决定了涂层的均匀性与性能。HVAF 是轴向送粉,燃烧室枪压较高,我们通常选择美国 Thermach 公司的 AT-1200HP 高压送粉器(尺寸为 775 mm×818 mm×325 mm;质量为 43.3 kg),压力为 150 psi,而等离子喷涂和 HVOF 需要 90 psi 压力的送粉器。

送粉器的管路接头为 7/16-20 的管螺纹,通常设备还可提供适合于 1/8 NPT 接口的适配器(7/16 表示直径 7/16 in;20 表示英制螺距,即每英寸含有 20 个螺牙),送粉管长度通常是 5～10 m,可以根据现场情况定制,但是原则上,送粉管越短,送粉稳定性越好。对于粒度小于 10 μm(大部分在 5 μm 左右)的 SiO_2 粉,需要配备超细送粉盘(编号:84-1250240)和抗静电效果更好的送粉管,才能最大限度地实现粉末输送的稳定性。

送粉器的高度与位置也是影响粉末输送稳定性的重要因素。如果要喷涂 5～15 μm 或 2～10 μm 粒度的细粉,有效的方法是将送粉器的位置提高到与喷枪平齐,甚至高于喷枪,这将有效提高粉末流的稳定性。

4.3 喷嘴

2008 年,一个球阀厂对现有的 HVOF 设备制备的涂层性能很不满意,考虑购买一台新的 HVOF 或 HVAF 设备。

整体需求如下:基体为板阀;喷涂范围为 0.3 m^2(双面);厚度为 5～15 mm;喷涂材料为 WC-Co;研磨后的涂层厚度为 0.16 mm;粗糙为 0.02 μm;生产瓶颈为喷涂能力。图 4-5 为当时的 HVAF 设备。

HVAF 涂层的致密度较低,HVAF 燃烧温度与 HVOF 相比低将近 1 000℃,为 1 800～1 900℃。正是由于这一特性,粉末从喷枪的尾部沿正轴向

图 4 - 5　HVAF 设备工作图

注入,仅以 $40\sim50$ m/s 的速度在燃烧室内飞行,有充足的时间完成热交换并汲取能量,而离开燃烧室后,可以通过不同长度的喷嘴对颗粒进行加速,从而获得不同硬度与致密度的涂层。

在这个思路与发现的启发下,Kermetico 公司研发出 N2P 喷嘴和 N3P 喷嘴,这是现在的 5L/5E 喷嘴的前身。Kermetico 公司展示了可以证明涂层致密度提升的 T - 800WC 涂层金相,说明采用 P 号喷嘴的气密能力比之前 HVOF 涂层提高了 5 倍之多,图 4 - 6 分别是不同喷嘴和设备制备涂层的截面金相显微形貌。

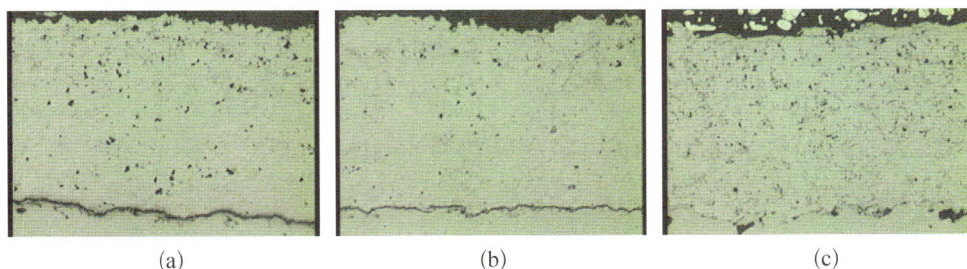

(a)　　　　　　　　　　　　(b)　　　　　　　　　　　　(c)

图 4 - 6　截面金相显微形貌

(a) HVAF 2 号喷嘴;(b) AK HVAF P 号喷嘴;(c) HVOF

研究发现,使用短喷嘴配合延长器更为实用,如在 2 号或 3 号喷嘴上加延长器,重新设计喷枪和陶瓷片并对相应的工艺参数进行优化。随着颗粒速度增加,经过某一拐点后,涂层的沉积效率将会降低,因此如涂层厚度超过 0.5 mm,则需要增加表面温度以保持高沉积效率。

4.4 内孔喷涂

HVAF AK04ID 内孔喷枪工作原理:通过空气-燃料混合气体产生的喷束对粉末进行加热并加速,从而实现粉末喷涂的目的。压缩空气和燃料混合气体并通过催化陶瓷片的喷孔流入燃烧室,通过火花塞实现混合气体的初次点火,初次点火完成后的陶瓷片将被加热到比混合气体自然温度更高的温度,该高温陶瓷片将持续不间断地点燃混合气体。喷枪通过压缩空气来进行冷却,热空气与燃料混合并参与助燃,图 4-7 为 HVAF AK04ID 喷枪外观图。

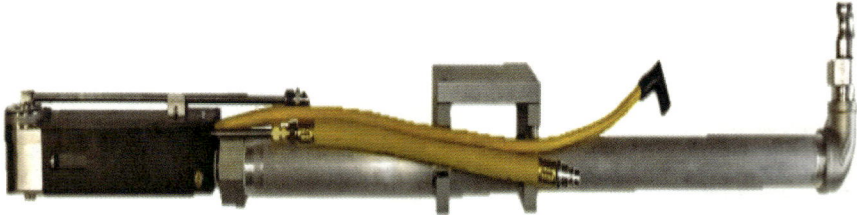

图 4-7 HVAF AK04ID 喷枪外观图

将喷涂粉末沿轴向注入燃烧室,此处气流速度很慢(小于 40 m/s),燃烧室内为高气压,并具有良好的传热条件,粉末将在此停留较长一段时间,从而得到有效加热。可以通过控制高导热性气体(氢气)注入粉末的流量,从而达到精准加热的目的。从燃烧室出来后,粉末被推进喷嘴中(按照不同的工艺选择不同长度和配置的喷嘴),在喷嘴中的粉末被加速到所需要的速度,如在长款喷嘴中,理想情况下,粉末可以被加速到 500～1 000 m/s,之后粉末碰撞基体,喷涂粉末颗粒形成涂层。图 4-8 所示为 HVAF AK 喷枪结构。

Kermetico HVAF AK04ID 喷枪具有以下显著特点。

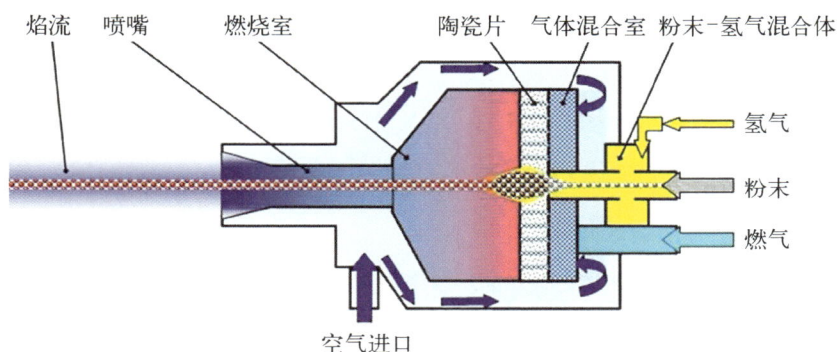

图 4 - 8　HVAF AK 喷枪示意图

（1）适合对管道、喷嘴、轴套、弯头进行内孔喷涂。

（2）适合对喷涂内径≥80 mm、深度达 1.5 m 的样品进行内孔喷涂。

（3）最大喷速为 5 kg/h,喷涂角度为－90°。

（4）粉末粒度范围：2～30 μm。

（5）适合喷涂 WC‑Co‑Cr、Cr_3C_2‑NiCr 和哈氏合金。

（6）设计精密、轴向送粉＋空气冷却、使用寿命长、技术稳定性高。

4.5　Kermetico HVAF AK04ID 喷枪应用案例

图 4 - 9 为 HVAF AK04ID 喷枪喷涂内孔的示意图。图 4 - 10 为内孔喷涂 WC‑10Co‑4Cr 涂层的显微照片,图 4 - 10(a)中 WC‑10Co‑4Cr 涂层硬

图 4 - 9　AK04ID 喷枪喷涂内孔示意图

度为 $1\,155\,HV_{300}$，孔隙率<0.1%，图 4－10(b)中 WC－10Co－4Cr 涂层硬度为 $1\,300\,HV_{300}$，孔隙率<0.1%。图 4－11 为 HVAF AK04ID 喷枪喷涂的套筒和套管照片。图 4－12 为 HVAF AK04ID 喷枪喷涂内径为 150 mm 的焦炭输送管道(WC－10Co－4Cr 涂层)。

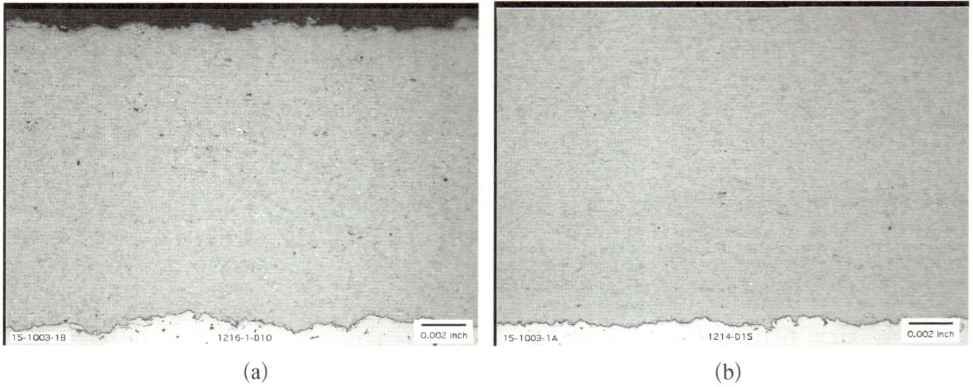

(a)　　　　　　　　　　　　　　　(b)

图 4－10　内孔喷涂 WC－10Co－4Cr 涂层的显微照片

(a) 内径 100 mm；(b) 内径 125 mm

图 4－11　HVAF AK04ID 喷涂的套筒和套管

图 4‑12　HVAF AK04ID 喷枪喷涂焦炭输送管道

第**5**章

高速燃气喷涂耐腐蚀涂层

高速燃气喷涂技术主要用于在金属表面喷涂涂层以增强其性能,尤其是耐腐蚀性能。

常用的耐腐蚀防护合金涂层材料如表 5 - 1 所示。

表 5 - 1　腐蚀防护合金涂层

产品编号	粉末通用名称	名义成分/%（质量分数）	硬度/HRB	结合强度/MPa	温度极限/℃
C276	Hasteloy - C276	Cr - 15. 5 Mo - 16 W - 4 Fe - 5 Ni - 余量	190	81. 6	593
625	Inconel - 625	Cr - 21. 5 Mo - 9 Nb - 3. 5 Fe - 2. 3 Ni - 余量	180	68. 0	704
622	Inconel - 622	Cr - 20. 5 Mo - 14 W - 3. 2 Fe - 2. 3 Ni - 余量	190	68. 0	649
718	Inconel - 718	Cr - 18 Fe - 18. 5 Nb - 5 Mo - 3 Ni - 余量	400	81. 6	871
45CT	镍铬合金 50/50	Cr - 45 - 46 Ti - 0. 5 Si - 0. 6 Ni - 余量	180	81. 6	849
343	镍铬铝钇	Cr - 22 Al - 10 Y - 1 Ni - 余量	470	81. 6	1 049
997	镍钴铬铝钇	Cr - 20 Al - 8. 5 Co - 23 Ta - 4 Y - 0. 6	380	81. 6	1 099
195	G - 195	Cr - 21 Ni - 32 Al - 8 Y - 0. 5 Co - 余量	320	81. 6	1 099

产品编号	粉末通用名称	名义成分/%（质量分数）	硬度/HRB	结合强度/MPa	温度极限/℃
SS-350	超级不锈钢	Ni-15 Cr-29 Mo-4 C-1.8 Fe-余量	550~600	81.6	593
70	铁铬合金	Cr-68 C-0.08 Fe-余量	350~400	40.8	538
FA-400	铁铝-氧化铝	Al₂O₃-30 Fe₁Al₁ intermetallic-余量	450~530	40.8	593
M-400	Monel-400	Cu-32 Fe-1 Mn-1 Ni-余量	140	61.2	—
Ti	钛	Ti-99.5	250~350	61.2	149

5.1　耐腐蚀性能测试

在能源工业中,材料的耐腐蚀性能是评估其使用寿命和可靠性的关键因素之一。尤其是在存在腐蚀性介质的环境中,材料的选择直接影响设备的安全性与维护成本。因此,为了全面评估所选材料的耐腐蚀能力,我们开展了一系列腐蚀性能测试。接下来,将对 KMC 腐蚀试验进行详细说明,该试验旨在模拟材料在特定腐蚀性介质中的实际使用环境,通过一系列试验观察材料的腐蚀程度和破坏模式,从而为材料的应用与选择提供科学依据。

5.1.1　KMC 腐蚀试验

我们在煤矿环境中进行 KMC 特有的腐蚀试验,对不同方法制备的涂层进行测试。1 号样品为热碳化硅涂层,基体为 AISI-4140 级未硬化钢(厚度为 0.127 mm),如图 5-1 所示。2 号样品为 HVAF 涂层,基体为 AISI-4140 级未硬化钢(厚度为 0.050 8 mm),测试时间为 30 天,如图 5-2 所示。3 号样品为超高速激光沉积(EHLA)的复合材料涂层(组分:60% In625,40% WC),基体为 AISI-4140 级未硬化钢(厚度为 0.127 mm),测试时间为 30 天,如图 5-3 所示。定期从测试环境中提取样品进行检查和记录。

图 5–1　热碳化硅涂层腐蚀试验形貌

(a) 第 1 天；(b) 第 3 天；(c) 第 4 天；(d) 第 5 天；(e) 第 6 天

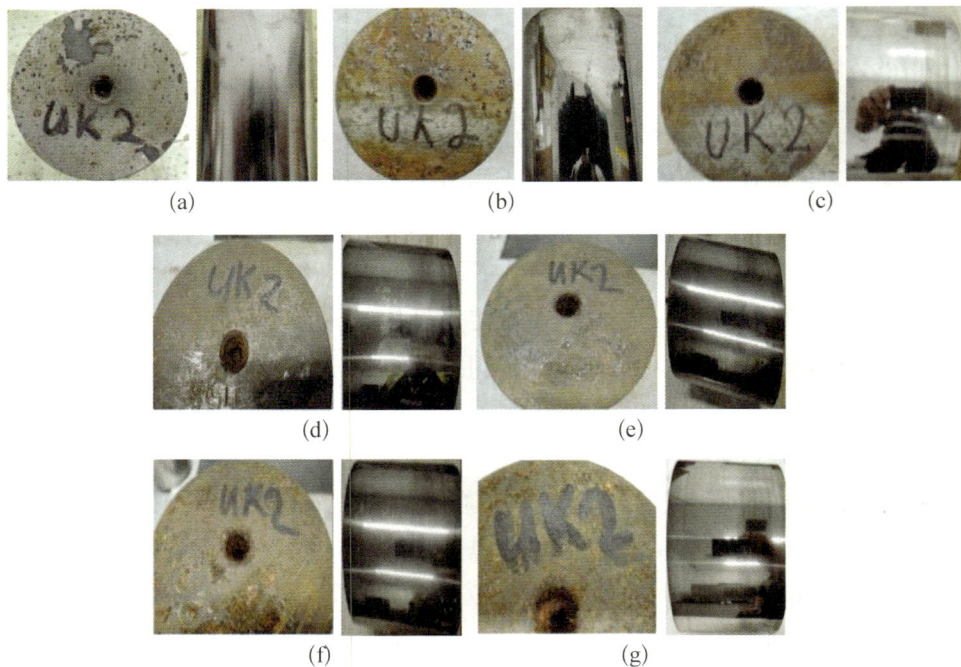

图 5–2　HVAF 涂层腐蚀试验形貌

(a) 第 1 天；(b) 第 5 天；(c) 第 10 天；(d) 第 15 天；(e) 第 20 天；(f) 第 25 天；(g) 第 30 天

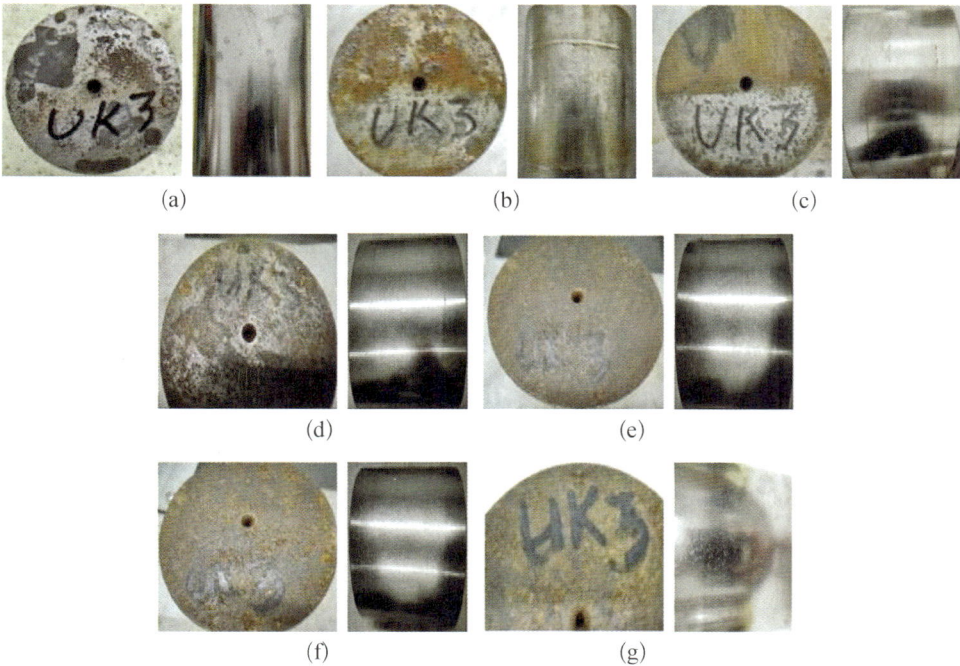

图 5 - 3　超高速激光沉积复合材料涂层腐蚀试验形貌

(a) 第 1 天；(b) 第 5 天；(c) 第 10 天；(d) 第 15 天；(e) 第 20 天；(f) 第 25 天；(g) 第 30 天

如图 5 - 1 所示，热碳化硅涂层在第 5 天明显脱落，失效原因描述为涂层的"爆炸"。由于测试样品的状况，在 6 天后停止测试。

如图 5 - 2 所示，经过 30 天的测试，HVAF 涂层状况良好，表面有一些非常小的凹坑，但没有穿透涂层。

如图 5 - 3 所示，经过 30 天的测试，超高速激光沉积复合材料涂层状况较好，表面有一些非常小的凹坑，但没有穿透涂层。

综合来看，1 号样品非常差，由于涂层严重脱落，测试不得不停止；2 号样品非常好，其表面存在一些不显著的轻微麻点；3 号样品的状况良好，其表面大面积存在麻点。因此，HVAF 涂层具有良好的耐腐蚀效果。

5.1.2　水滴腐蚀试验

水滴腐蚀试验是研究水滴侵蚀现象及其防护措施的重要手段。通过模拟实际工况下的水滴冲击过程，可以深入探究叶片材料在水滴冲击下的损伤机制,为后续的防护策略提供理论依据。

1) 水滴腐蚀的背景

图 5-4 所示为运行约 1.7×10^5 h 后的火力发电厂低压末级叶片,可以看到叶片受到了严重的水滴侵蚀。叶片的水滴侵蚀是一个严重问题,它会导致效率降低甚至汽轮机组损坏,为了找到适当的侵蚀防护,需要了解侵蚀过程,并选择适当的材料或进行适当的表面处理来最大限度地降低水滴侵蚀的风险。

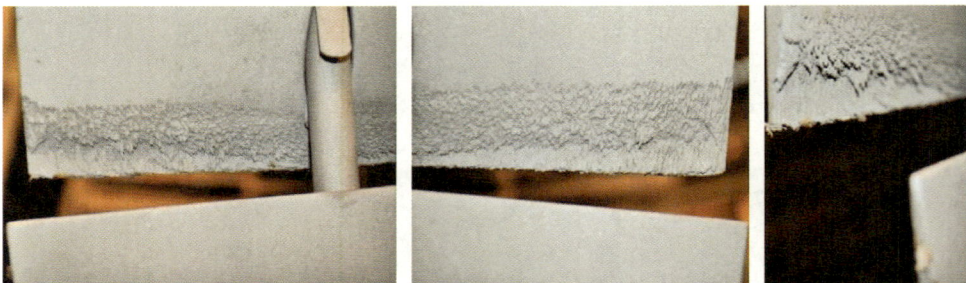

图 5-4 火力发电厂低压末级叶片

2) 侵蚀试验说明

图 5-5 所示为水滴侵蚀试验液滴系统,其独特的侵蚀试验台,可以模拟与实际侵蚀过程几乎相似的汽轮机工况。

图 5-5 水滴侵蚀试验液滴系统

图 5-6 所示为水滴侵蚀样品夹具及侵蚀样品,该夹具可以实现多样品同时试验,并完成相应试验数据的模拟采集。我们通过调控测试材料、撞击速度

图 5-6 水滴侵蚀样品夹具及侵蚀样品

（300～610 m/s）、液滴尺寸（0.15～0.41 mm）等参数来模拟不同工况条件。

3）测试侵蚀样品

测试条件：撞击速度 523 m/s；液粒尺寸 0.41 mm。

图 5-7 所示为水滴侵蚀测试样品腐蚀曲线，图 5-8 所示为水滴侵蚀测试前后样品宏观形貌。如图 5-7 所示，曲线展示了由冲击水量引起的侵蚀材料的质量损失，T671 基体侵蚀严重，PVD 薄膜的约 15％ 依然存在，HVOF 涂层在测试时间仅为 75 min 的情况下就完全侵蚀至基板，腐蚀严重。Kermetico HVAF 涂层发生小面积剥落，在标记区域可见渗透到深度一致，这是由样品覆盖导致的。由此可知，HVAF 涂层具有最低的质量损失以及最好的耐腐蚀性。

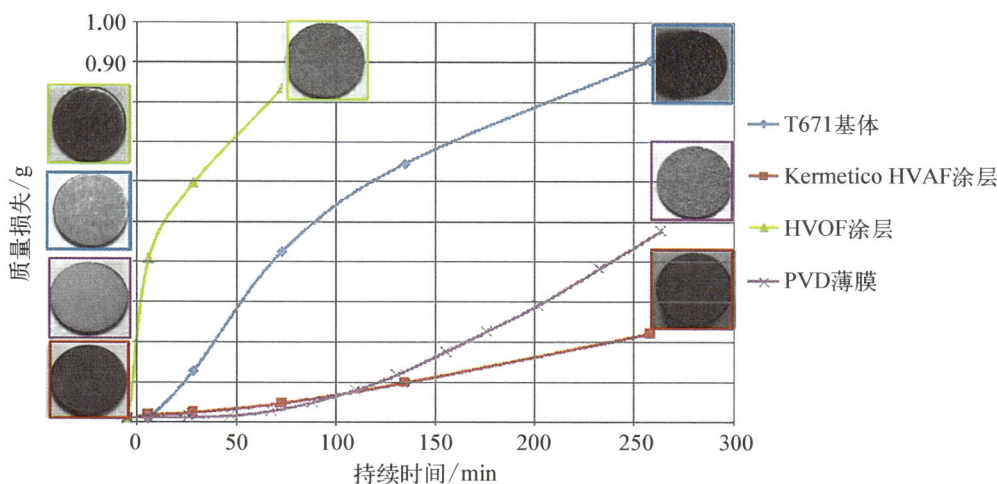

图 5-7 水滴侵蚀腐蚀曲线

T671基体 　　　　　　　　PVD薄膜

HVOF涂层 　　　　　　　　Kermetico HVAF涂层

图 5-8　水滴侵蚀测试前后样品宏观形貌

5.2　HVAF 耐蚀涂层的研究现状

　　图 5-9 所示为 HVAF 喷枪的原理,图 5-10 所示为喷枪喷嘴内气体流速的 CFD 模拟。HVAF 涂层显示出比传统方法获得的涂层具有更高的结合强度,表明该方法在结合强度至关重要的领域具有优势[1]。

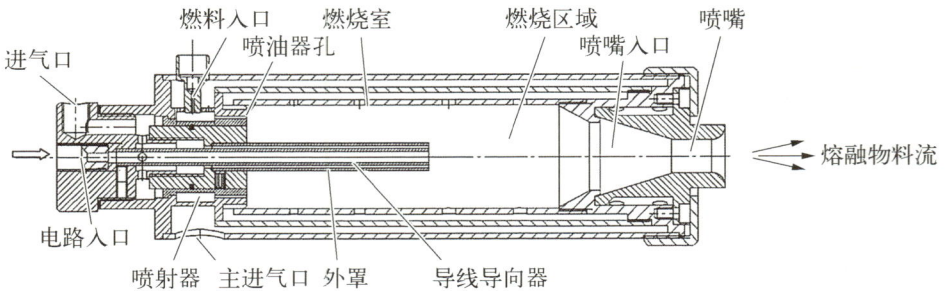

燃料入口　　燃烧室　　　　燃烧区域　　喷嘴
喷油器孔　　　　　　　　喷嘴入口
进气口　　　　　　　　　　　　　　　熔融物料流
电路入口
喷射器　主进气口　外罩　　导线导向器

图 5-9　HVAF 喷枪原理图

　　图 5-11 所示为 150～200 μm 厚的 HVAF 涂层(组分:85%Zn,15%Al)的显微照片。涂层结构均匀,无孔,致密,没有可见的片状,表明在喷涂过程中

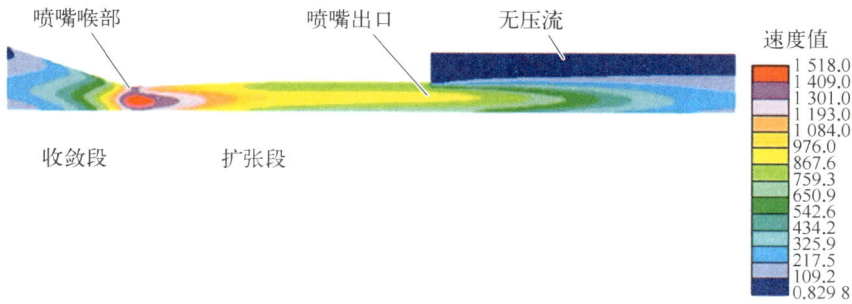

图 5 – 10 喷枪喷嘴(半截面)内气体流速的 CFD 模拟

涂层完全熔化。由于受喷砂的影响,涂层与基体之间的界面粗糙,可能会造成一些表面污染,会有可见的砂粒介质嵌入基体表面轮廓。

为了表征涂层试样的腐蚀行为,研究者采用盐雾试验对涂层试样的性能进行了评价。根据 ISO 9227:2017(人工环境中的腐蚀试验——盐雾试验)盐雾测试标准对 8 个涂层厚度为 $150\sim200\ \mu m$ 的试

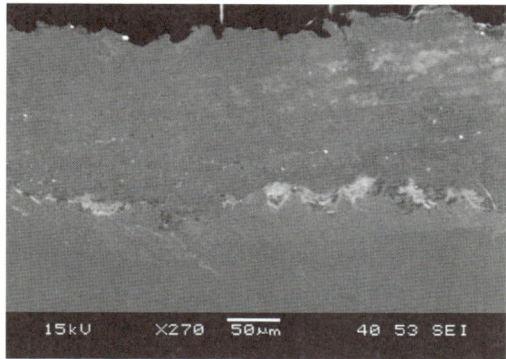

图 5 – 11 HVAF 涂层显微照片

样进行了 14 天的测试。每隔 24 h(4 h 为 1 个周期)将样品从试验箱中取出并进行光学检查。图 5 – 12 所示为盐雾试验后 Zn‑Al 涂层的扫描电子显微镜(SEM)图像和表面形貌。与其他热喷涂工艺相比,HVAF 涂层具有良好的耐腐蚀性,这归因于 HVAF 喷射的高速度射流形成的致密和均匀的层状形貌。

(a)　　　　　　　　　　　　　(b)

图 5 – 12 盐雾试验后 Zn‑Al 涂层的 SEM 图像和表面形貌

(a) SEM 图像;(b) 表面形貌

西北工业大学司朝润等通过调控气体雾化,采用 HVAF 技术在 45 钢表面成功合成了 $Fe_{49.9}Mo_{32.9}Cr_{9.32}Co_{4.55}Si_{2.28}Al_{1.55}$ 新型非晶涂层,涂层中非晶相的体积分数达 90%以上,显著提高了涂层在极端使用条件下的耐腐蚀性[2]。图 5-13(a)所示为基体的非晶涂层样品。图 5-13(b)所示为涂层截面的光学照片,可以看出涂层的厚度约为 347.5 μm,其中可见一些微孔[孔隙率为0.49%(体积分数)]。图 5-13(c)所示为涂层的 XRD 图谱,显示了涂层中典型的非晶态特征,计算出的非晶相含量为 90.5%。涂层硬度为 785 HV,界面结合强度可达 49 MPa,远远大于一些报道的结果[3-4]。界面结合强度测试表明,断口位于涂层内部,而非涂层与基体的界面,断口处存在大量微裂纹,如图

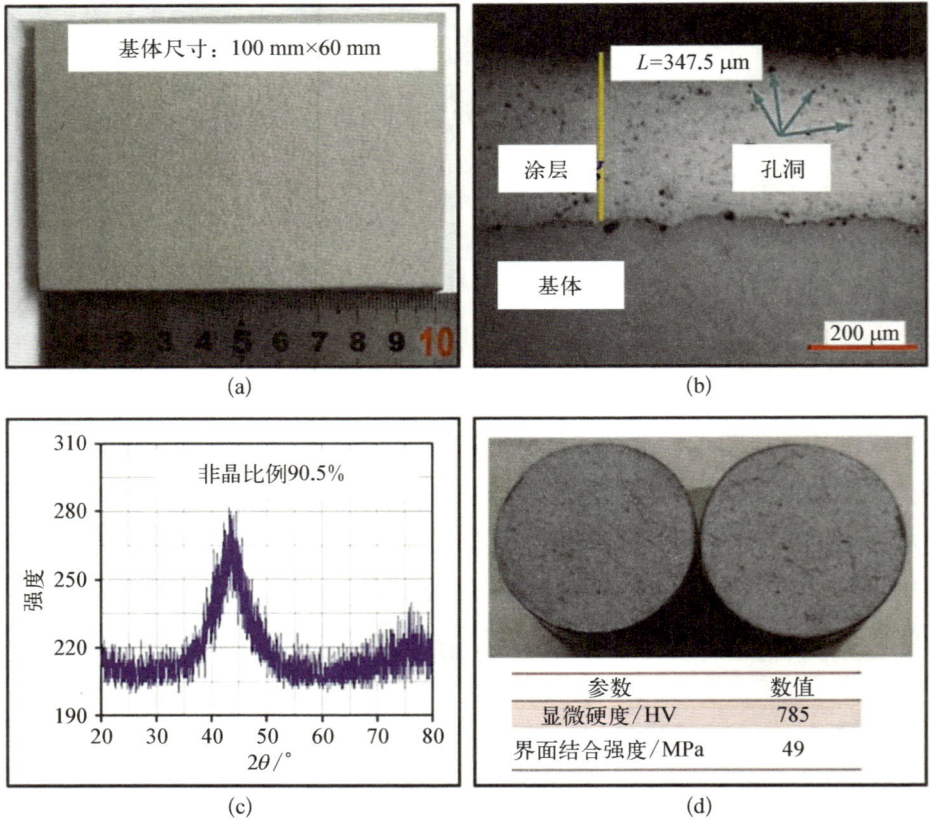

(a)

(b)

(c)

参数	数值
显微硬度/HV	785
界面结合强度/MPa	49

(d)

图 5-13 $Fe_{49.9}Mo_{32.9}Cr_{9.32}Co_{4.55}Si_{2.28}Al_{1.55}$ 新型非晶涂层的相关形貌和相组成

(a)带基体的非晶涂层样品;(b)涂层截面光学照片;(c)涂层 XRD 图谱;(d)涂层断裂面形貌
注:(b)中 L 为涂层厚度。

5 - 13(d)所示。目前的研究表明,孔隙率对金属的力学性能有很大的影响,图 5 - 13(b)所示的孔隙在涂层受到应力作用时将成为裂纹扩展源[5-6]。因此,涂层的抗弯强度可以通过降低孔隙率来进一步提高。

图 5 - 14 所示为制备的铁基涂层在 10%盐酸溶液中的室温阳极极化曲线,并对比了 304L 不锈钢和 316L 不锈钢的阳极极化曲线。腐蚀电位(E_{corr})和腐蚀电流密度(I_{corr})是评价金属材料腐蚀性能最重要的参数,其计算方法如文献[7]中所述。非晶涂层、316L 不锈钢和 304L 不锈钢的腐蚀电位 E_{corr} 分别为 -0.254、-0.45 和 -0.47 V。316L 不锈钢和 304L 不锈钢的 E_{corr} 几乎相同,且远小于非晶涂层。同时,316L 不锈钢和 304L 不锈钢的 E_{corr} 比非晶涂层的 E_{corr} 要大。结果表明,在铁基基体上采用 HVAF 制备的非晶涂层在盐酸溶液中的保护性能要优于 316L 不锈钢和 304L 不锈钢。

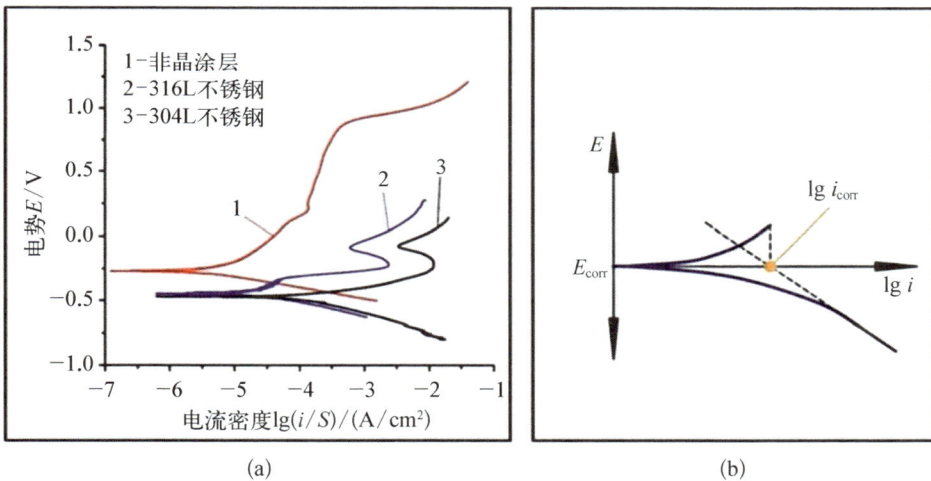

图 5 - 14　非晶涂层、316L 不锈钢和 304L 不锈钢的阳极极化曲线

(a) 循环极化曲线;(b) 半对数坐标中的电化学极化曲线

图 5 - 15 所示为圆柱形基体上制备的非晶涂层腐蚀后的宏观和微观形貌。腐蚀条件如下:① 浓硫酸,温度为 300℃,腐蚀时间为 72 h[见图 5 - 15(a)(b)];② 40%稀硫酸,温度为 90℃,腐蚀时间为 240 h[见图 5 - 15(c)(d)];③ 浓硫酸,温度为 25℃,腐蚀时间为 50 天[见图 5 - 15(e)(f)]。

图 5 - 15(a)(b)所示为涂层在 300℃的浓硫酸腐蚀 72 h 后的微观结构。高温强酸腐蚀对涂层孔隙的大小和分布特征影响不大。如图 5 - 15(c)所示,

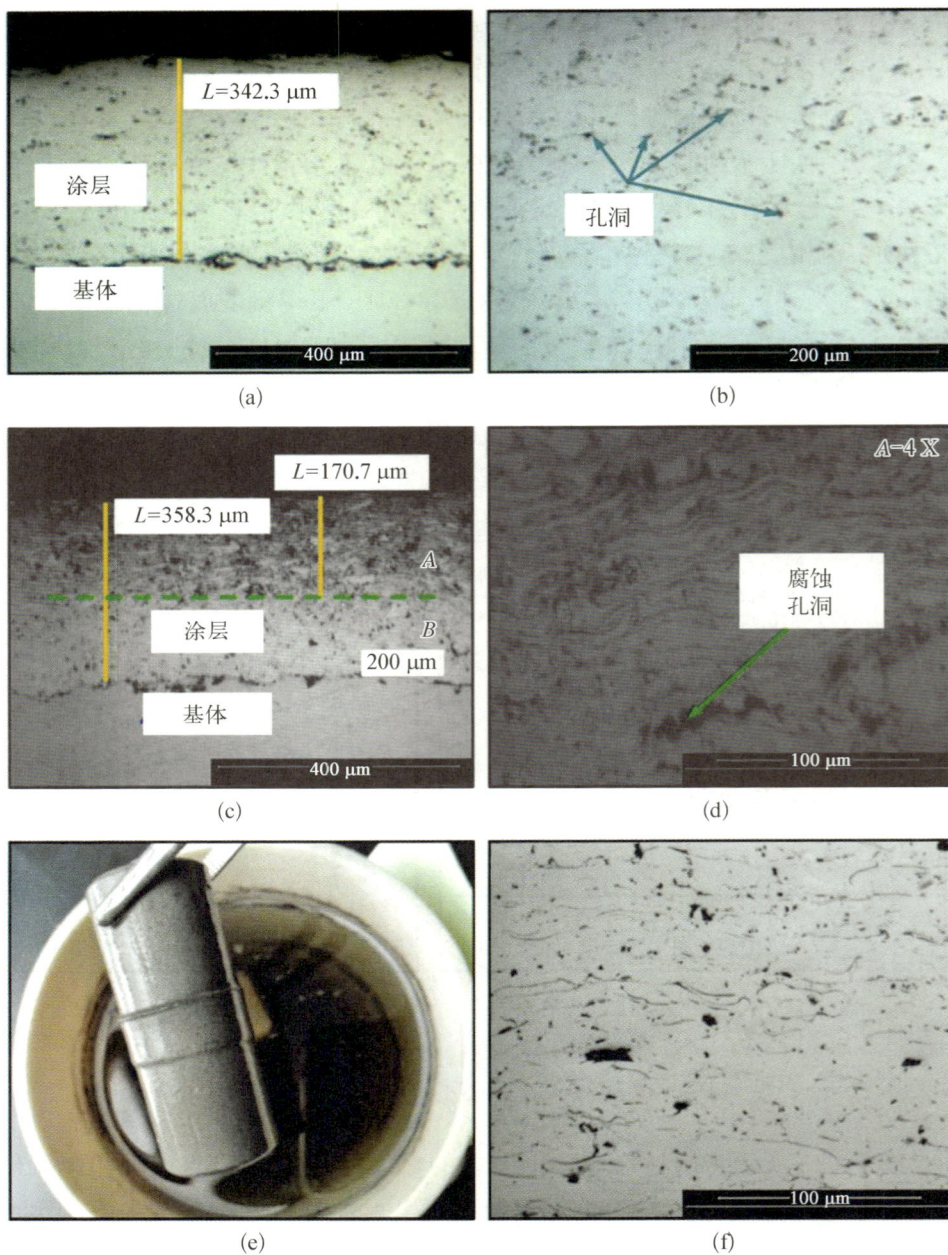

图 5 - 15　圆柱形基体上制备的非晶涂层腐蚀后的宏观和微观形貌

(a)(b) 非晶涂层浓硫酸腐蚀 72 h 后的截面光学图像；(c)(d) 非晶涂层稀硫酸腐蚀 240 h 后的截面光学图像；(e)(f) 非晶涂层浓硫酸腐蚀 50 天后的光学图像

注：图中 L 为涂层厚度。

腐蚀液对涂层的渗透深度约为 170 μm,腐蚀后的涂层呈典型的层状结构。在层状腐蚀结构中,孔隙被腐蚀得更大,甚至连在一起,如图 5 - 15(d)所示。然而,下层涂层未被破坏,能进一步保护基体不受腐蚀。为了进一步研究非晶涂层的持久耐腐蚀性能,试验将非晶涂层在室温下置于浓硫酸中 50 天,结果表明涂层没有开裂和剥落,如图 5 - 15(e)(f)所示。综上所述,制备的涂层具有优异的耐腐蚀性能,主要是因为① 涂层没有微裂纹,在这种情况下,腐蚀液体不能直接渗透到基体中;② 由于制备的涂层中有非晶结构,故晶界腐蚀大大减少。

Milanti 等对 HVAF 铁基耐腐蚀涂层组织和性能进行了研究[8]。Milanti 采用低碳钢(Fe52)作为基体材料,在喷涂之前对基体进行喷砂处理(36 目 Al_2O_3 砂),并采用 Fe - 31Cr - 12Ni - 3.6B - 0.6C 铁基粉末作为喷涂原料,喷涂工艺参数如表 5 - 2 所示。

表 5 - 2　HVAF 喷涂工艺参数

参　　数	Fe - 2 涂层	Fe - 3 涂层
空气压力/bar	6.0	8.0
丙烷压力 1/bar	5.4	7.3
丙烷压力 2/bar	—	7.6
氢气流量/(L/min)	25	
氮载气流量/(L/min)	40	60
送粉率/(g/min)	60	75
喷涂距离/mm	150	300
移枪速率/(mm/s)	1 000	500
步进/mm	3	4
喷涂次数/次	5	6

Milanti 采用开路电位(OCP)测量(定制测试)和电化学阻抗谱(EIS)测量(ASTM G3 - 14)对 HVAF 涂层的腐蚀行为进行了评估,以研究涂层存在的

通孔率和实际保护性能。开路电位测量是通过将直径 20 mm 的塑料管粘在涂层表面,向管中加入 12 mL 3.5%(质量分数)的 NaCl 溶液,在 24 天的浸泡中测量开路电位(见图 5 - 16)。

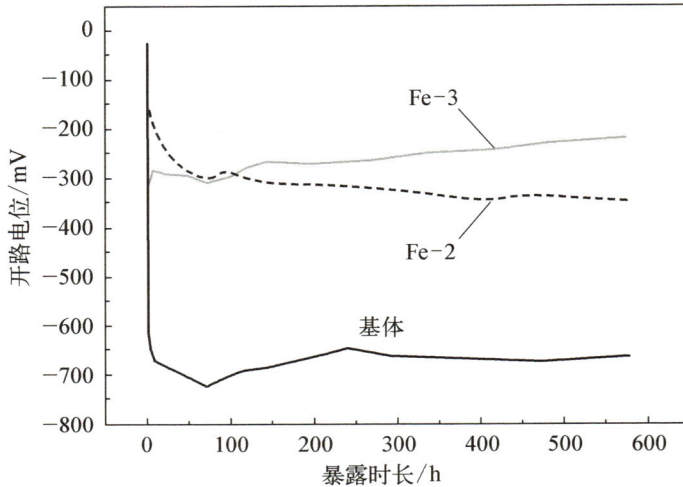

图 5 - 16　Fe - 2 涂层和 Fe - 3 涂层在 3.5%(质量分数)NaCl
溶液中暴露不同时间的开路电位

HVAF Fe - 2 涂层和 Fe - 3 涂层在 3.5%(质量分数)NaCl 溶液中暴露时,涂层中的孔隙使电解质穿透基底,并在基底/涂层界面形成有害的和大量的腐蚀产物。

图 5 - 17 显示了 HVAF 铁基涂层的 OCP 行为,在测试的早期阶段,OCP 设置在高电位值,可能是污染和/或金属抛光表面上迅速形成的薄氧化层导致的。随着浸泡时间的延长,Fe - 2 涂层的 OCP 逐渐降低,表明盐溶液向基体渗透的途径是开放的,因此涂层与 Fe52 基体之间存在混合电位。相反,Fe - 3 涂层似乎将其 OCP 稳定在 220 mV 左右,表明浸泡 600 h 不渗透。试验结束时,Fe - 3 涂层表面未检测到腐蚀产物,而 Fe - 2 涂层表面有锈斑(见图 5 - 17)。

综合来看,HVAF M3 喷枪能够更好地保持原料的显微组织性能,在颗粒边界处获得更低的氧化物含量,从而获得更好的颗粒间强度、更高的维氏硬度、更高的密度和抗渗性、更高的沉积速率和更优的耐腐蚀性。这些特点使 HVAF M3 喷枪喷涂 Fe - 3 涂层成为进一步改善铁基涂层显微组织和机械性能的未来工艺,有可能成为更昂贵和有害的 WC 和 Ni 基合金涂层的可

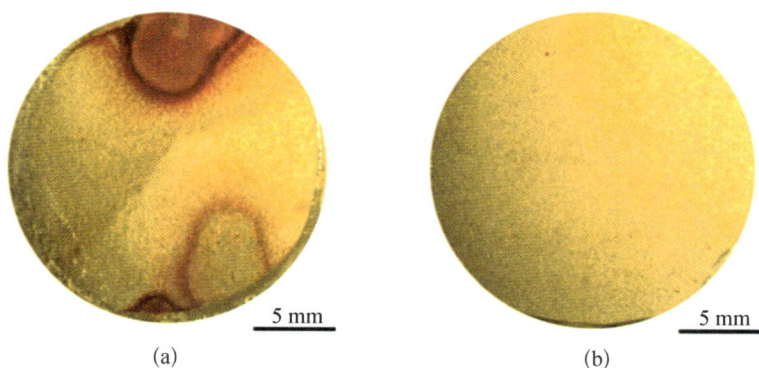

图 5‑17　暴露 600 h 后涂层表面的体视显微镜图

(a) Fe‑2 涂层；(b) Fe‑3 涂层

靠替代品。

　　Ma 等采用循环动电位极化、电化学阻抗谱、阴极极化和莫特‑肖特基法研究 AC‑HVAF 和 HVOF 工艺制备的 $Fe_{63}Cr_8Mo_{3.5}Ni_5P_{10}B_4C_4Si_{2.5}$ 非晶涂层的耐蚀性和钝化行为[9]。

　　图 5‑18(a)所示为 AC‑HVAF 和 HVOF 制备涂层的 XRD 图谱。AC‑HVAF 涂层仅表现出一个宽的衍射峰,表明其完全非晶相性质,而 HVOF 涂层表现出微弱的尖锐衍射峰,显示出极少量的结晶相。从图 5‑19(a)(b)可以看出,两种涂层均呈现致密结构,厚度相近,均为 200 μm。然而,在 HVOF 涂层中分布着一些微孔和微裂纹,例如部分熔化的颗粒界面[见图 5‑19(d)]。AC‑HVAF 涂层的孔隙率为 0.4%,远低于 HVOF 涂层的 1.5%[见图 5‑18(b)]。图 5‑18(b)还显示,AC‑HVAF 涂层的氧化物含量为 0.24%(质量分数),HVOF 涂层的氧化物含量为 0.12%(质量分数),均低于其他文献的常见值[10]。虽然 AC‑HVAF 涂层的氧化物含量高于 HVOF 涂层,但氧化物明显集中在 HVOF 涂层的深色条状夹杂物中[见图 5‑19(d)],而在 AC‑HVAF 涂层中仅隐约可见[见图 5‑19(c)][11]。因此,AC‑HVAF 涂层比 HVOF 涂层具有更致密的微观结构。此外,微观组织的差异也会对涂层的耐蚀性产生重要影响。

　　图 5‑20(a)为 AC‑HVAF 和 HVOF 制备的非晶涂层在 3.5%(质量分数)NaCl 溶液中的循环极化曲线,304 不锈钢的数据可供比较。由循环极化曲线得到的电化学参数如表 5‑3 所示。与 HVOF 涂层相比,AC‑HVAF 涂

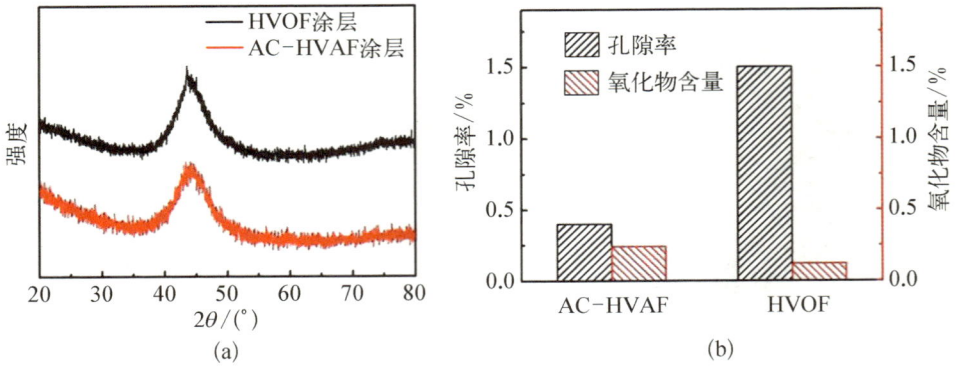

图 5‑18　AC‑HVAF 和 HVOF 涂层的 XRD 图谱和孔隙率/氧化物含量

(a) XRD 图谱；(b) 孔隙率/氧化物含量

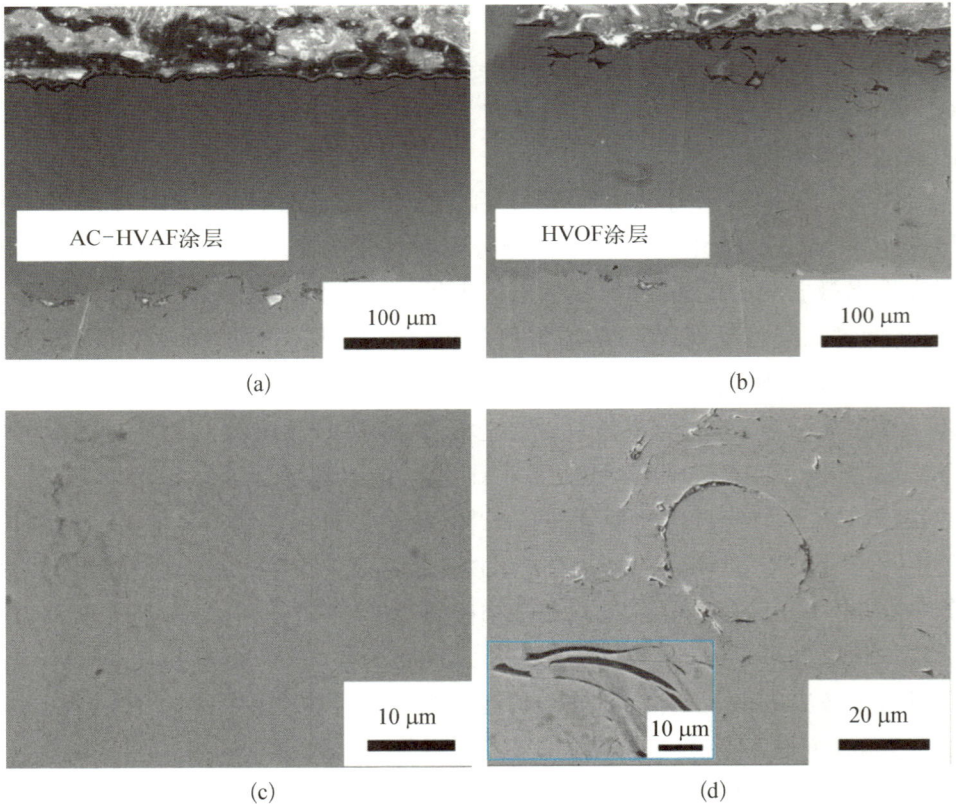

图 5‑19　涂层截面的 SEM 图像

(a) AC‑HVAF 涂层；(b) HVOF 涂层；(c)和(d)分别是(a)和(b)的放大图像

层的腐蚀电流密度(I_{corr})更低,且钝化电流密度(I_{pass})降低了一个数量级,表明 AC - HVAF 涂层比 HVOF 涂层具有更强的耐腐蚀性。304 不锈钢发生钝化的 I_{pass}(10^{-6} A/cm^2)比非晶涂层低得多,这应该与涂层基体上缺陷区(微孔和氧化物内含物,见图 5 - 20)的负面影响有关。然而,由于非晶涂层的均匀单相特性,非晶涂层的钝化电位($E_{tr}=1.10$ V)比 304 不锈钢高得多,钝化区域(1.50 V)也更宽[17-18]。此外,从图 5 - 20(a)和表 5 - 3 中可以看出,304 不锈钢、HVOF 涂层和 AC - HVAF 涂层的再钝化电位(E_{rp},$E_{rp}<E_{tr}$)分别为 -0.27 V、0.86 V 和 0.95 V。与 304 不锈钢和 HVOF 涂层相比,较高的 E_{rp} 表明 AC - HVAF 涂层具有更好的抗点蚀性。图 5 - 20(b)(c)(d)为动电位极化试验后非晶涂层和 304 不锈钢腐蚀表面的 SEM 图像。所有样品的腐蚀表

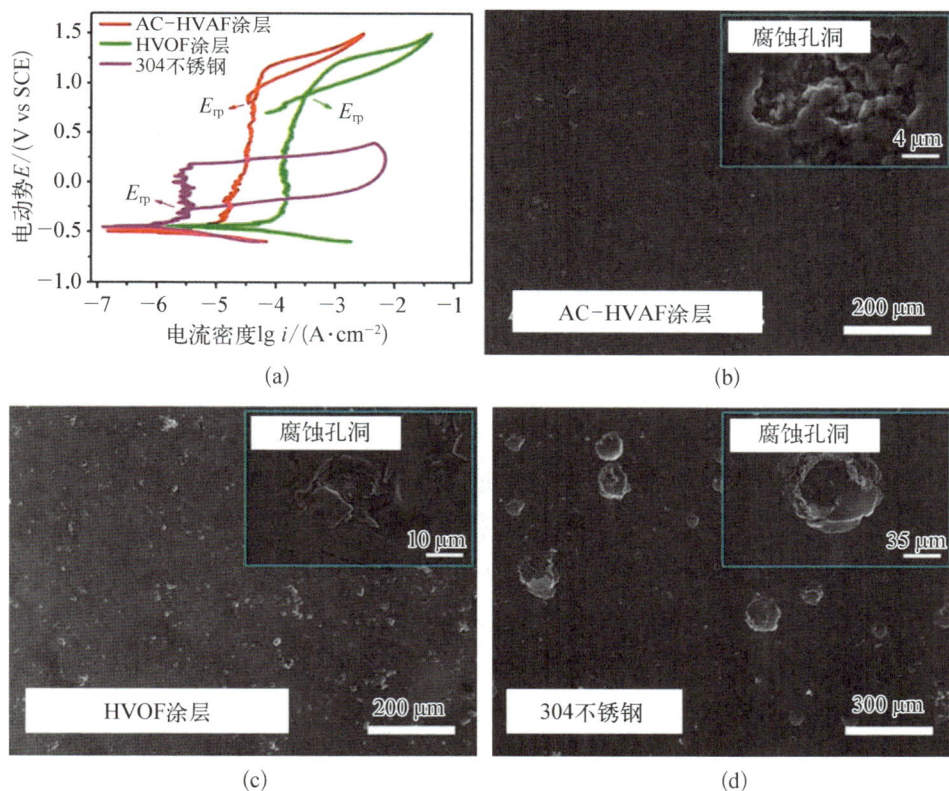

图 5 - 20　AC - HVAF 和 HVOF 制备的非晶涂层在 3.5% NaCl 溶液中的循环极化曲线和 SEM 图像

(a) 循环极化曲线;(b)(c)(d) SEM 图像
注:(a)(d)显示了 AISI 304 不锈钢的数据以供比较。

面都有明显的不同大小的腐蚀坑,表明这些样品在含氯溶液中受局部点蚀控制。图 5-20(b)(c)(d)的插图为典型的腐蚀坑,可以清楚地看到,非晶涂层的腐蚀坑平均尺寸远小于 304 不锈钢,而 HVOF 涂层的腐蚀坑数量明显多于 AC-HVAF 涂层,说明 HVOF 涂层更容易发生点蚀。

表 5-3 循环极化曲线得到的电化学参数

涂层类型	腐蚀电位 E_{coor}/V	腐蚀电流密度 $I_{coor}/(A \cdot cm^{-2})$	钝化电流密度 $I_{pass}/(A \cdot cm^{-2})$	传递电位 E_{tr}/V	再钝化电位 E_{rp}/V
AC-HVAF 涂层	-0.49	1.8×10^{-6}	3.9×10^{-5}	1.12	0.95
HVOF 涂层	-0.45	8.3×10^{-6}	1.6×10^{-4}	1.11	0.86
304 不锈钢涂层	-0.45	7.6×10^{-7}	3.2×10^{-6}	0.18	-0.27

综合来看,AC-HVAF 涂层具有优异的耐蚀性,主要是由于涂层形成了致密的钝化膜,并且具有较少的缺陷结构、较高的抗点蚀性和钝化稳定性。

Wang 等采用 HVAF 和动力学金属化(KM)技术制备了非晶态 $Ni_{59}Zr_{20}Ti_{16}Si_2Sn_3$ 和 $Ni_{53}Nb_{20}Ti_{10}Zr_8Co_6Cu_3$ 合金涂层[12]。图 5-21(a)(b) 显示了不同涂层在 1 mol/L HCl 溶液中与相应的非晶态和不锈钢基体的动电位极化曲线。非晶态 $Ni_{59}Zr_{20}Ti_{16}Si_2Sn_3$ 合金涂层由于钝化区窄,因此耐蚀性较低;而非晶态 $Ni_{53}Nb_{20}Ti_{10}Zr_8Co_6Cu_3$ 合金由于具有极低的钝化电流和较宽的钝化点位区间,在 1 mol/L HCl 溶液中展现出卓越的耐蚀性能[13-14]。这表明非晶态金属的腐蚀性能对合金成分比非晶度更为敏感。因此,每种非晶合金都应单独研究以确定其腐蚀行为[15]。KM 沉积的 $Ni_{53}Nb_{20}Ti_{10}Zr_8 Co_6Cu_3$ 合金涂层在 1 mol/L HCl 溶液中自发钝化,与相应的非晶合金相似。而 HVAF 制备的部分非晶态 $Ni_{53}Nb_{20}Ti_{10}Zr_8Co_6Cu_3$ 合金涂层在经过活性溶解和氧化钝化,其钝化电流密度较高。此外,部分非晶态 $Ni_{59}Zr_{20}Ti_{16}Si_2Sn_3$ 合金涂层几乎没有钝化,而是出现了活性。相比之下,$Ni_{59}Zr_{20}Ti_{16}Si_2Sn_3$ 合金涂层在 1 mol/L HCl 溶液中的耐腐蚀性明显低于部分或完全非晶态 $Ni_{53}Nb_{20}Ti_{10}Zr_8Co_6Cu_3$ 合金涂层。

Guo 等采用 HVAF 和 HVOF 工艺在低碳钢基体上制备了非晶态 $Fe_{49.7}Cr_{18}Mn_{1.9}Mo_{7.4}W_{1.6}B_{15.2}C_{3.8}Si_{2.4}$ 铁基涂层[10]。比较研究了两种工艺制

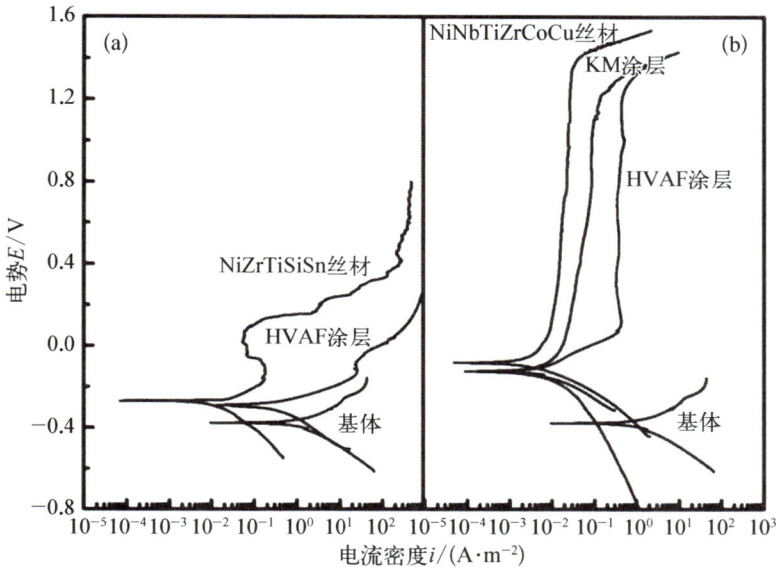

图 5‑21　不同涂层在 1 mol/L HCl 溶液中与相应的非晶态涂层和不锈钢基体的动电位极化曲线

（a）非晶态 $Ni_{59}Zr_{20}Ti_{16}Si_2Sn_3$；（b）非晶态 $Ni_{53}Nb_{20}Ti_{10}Zr_8Co_6Cu_3$

注：对应 HVAF 涂层、KM 喷涂合金涂层和 1Cr18Ni9Ti 不锈钢基体在 1 mol/L HCl 溶液中的动电位极化曲线。

备涂层的显微组织和在 3.5%（质量分数）NaCl 溶液中的耐蚀性。图 5‑22 所示为 HVOF 和 HVAF 制备的涂层与低碳钢基体和非晶态在 NaCl 溶液中的塔费尔曲线，可以看出这两种涂层的耐腐蚀性都比钢基体好。例如，一旦扫描到阳极极化范围，基体立即发生点蚀，而两种涂层表现出自发钝化，具有高腐蚀电位（E_{corr}）和近 10^{-5} A/cm² 的低钝化电流密度，尽管由于涂层中的部分结晶、氧化和孔隙的综合作用，它们的耐腐蚀性不如完全非晶态涂层。与 HVOF 涂层相比，HVAF 涂层具有更高的腐蚀电位和点蚀电位，以及更低的钝化电流密度和更宽的钝化区域，因此具有更好的耐腐蚀性。这种现象可能是由于 HVAF 涂层中氧含量较低，在喷涂过程中部分熔化的颗粒之间形成了金属氧化物（主要以 Fe 氧化物的形式存在）。这些金属氧化物一方面会阻碍致密钝化膜的形成，另一方面甚至会成为电解液的扩散通道，造成内部腐蚀。

　　为了评估涂层电化学反应随浸泡时间的变化，研究者在 28 天的浸泡时

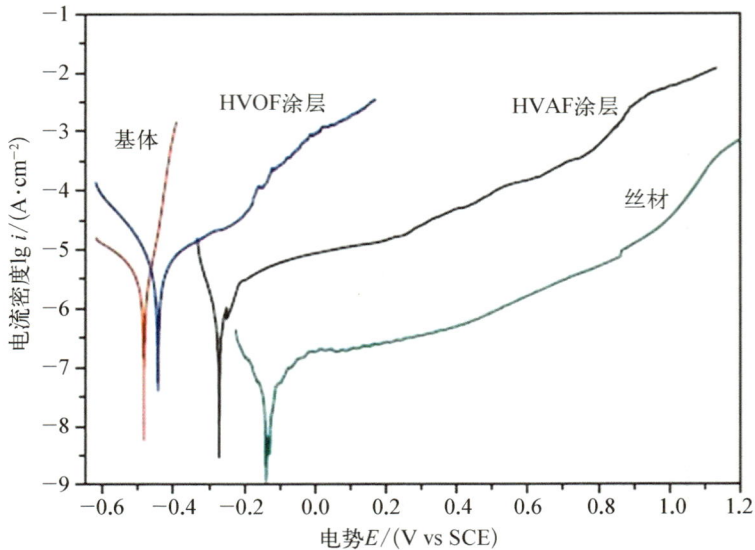

图 5 - 22　HVAF 涂层和 HVOF 涂层与非晶态涂层和基体的塔费尔曲线

间内测量了不同浸泡时间下的电化学阻抗谱（electrochemical impedance spectroscopy，EIS）。图 5 - 23（a）（c）所示为 HVOF 涂层的 Nyquist 图和 Bode 图，可以看出每个样本在 Nyquist 图上只有一个高频电容回路，对应于 Bode 图中频率在 100 Hz 左右的拐点，这意味着所有 HVOF 样品都显示单一的时间常数。图 5 - 23（a）所示的 Nyquist 图在低频时出现了一条斜率接近 45°的直线，这是由于 Warburg 阻抗产生的电荷转移受半无限长扩散的影响，氧化物在颗粒间边界处的溶解涂层提供了扩散通道，HVOF 涂层内部发生了腐蚀[16-17]。图 5 - 23（b）（d）所示为 HVAF 涂层的 Nyquist 图和 Bode 图，可以看出在浸泡 1 天后 Nyquist 图中只有一个大的电容性回路和一个拐点观察到相应的 Bode 图，也表明单次 HVAF 涂层常数，随着浸泡时间的增加，这种行为在本质上没有改变。然而，与 HVOF 涂层不同的是，在 HVAF 涂层的 EIS 中没有观察到 Warburg 阻抗，这意味着电解质很难渗透到 HVAF 涂层中。

结果表明，两种涂层结构致密，孔隙率为 0.4%，与基体结合紧密。然而，HVOF 涂层比 HVAF 涂层含有更高的氧含量，这是由于 HVOF 喷涂过程中部分熔化的颗粒之间形成了明显的氧化物轮廓。电化学极化测试和电化学阻抗谱分析表明，HVAF 涂层比 HVOF 涂层具有更好的耐蚀性。沿氧化物轮廓的优先腐蚀为电解质提供了有效的扩散通道，这是 HVOF 涂层耐腐蚀性较

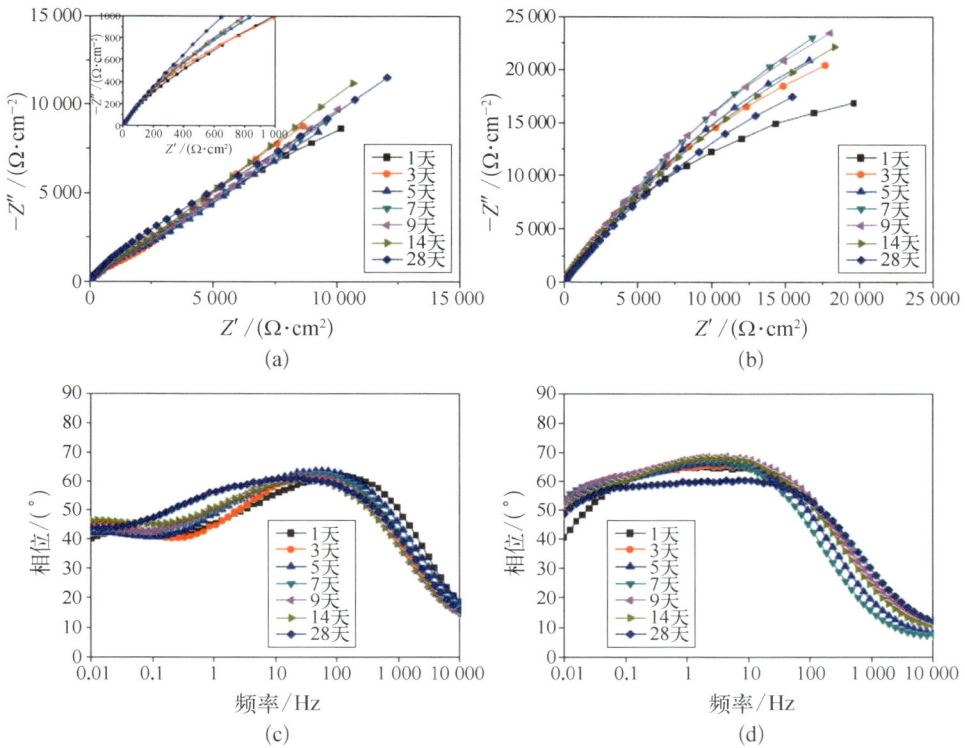

图 5 - 23　两种涂层在不同浸泡时长的电化学阻抗谱图

(a) HVOF 涂层 Nyquist 图；(b) HVAF 涂层 Nyquist 图；(c) HVOF 涂层 Bode 图；(d) HVAF 涂层 Bode 图

差的原因。因此，HVAF 是一种具有较低成本和工业应用前景的制备铁基非晶涂层的喷涂工艺。

黄伟等研究了超细和常规粒度 WC - 10Co - 4Cr 粉末喷涂制备涂层的性能，根据电化学特性比较两种涂层的耐腐蚀性[18]。图 5 - 24 所示为 N、X 两种 WC - 10Co - 4Cr 涂层与 304 不锈钢试样在 3.5%（质量分数）NaCl 溶液中的动电位极化曲线，相应电化学参数见表 5 - 4。自腐蚀电位反映了材料发生电化学腐蚀的倾向，腐蚀电流密度反映了材料腐蚀速率。自腐蚀电位越高，腐蚀倾向越小；腐蚀电流密度越小，材料的腐蚀程度越低，抗腐蚀能力越强[19]。结合图 5 - 24 与表 5 - 4 可知，在相同条件下，自腐蚀电位大小为 X 涂层（−0.199 V）＞N 涂层（−0.269 V）＞304 不锈钢（−0.307 V）；腐蚀电流密度大小为 X 涂层（1.996×10^{-7} A/cm²）＜N 涂层（3.123×10^{-6} A/cm²）＜304 不锈钢($5.579×10^{-6}$ A/cm^2)。测试结果表明,X 与 N 两种涂层的耐腐蚀性都优于 304 不锈钢,在盐性环境中都能对基体起到保护作用。同时 X 涂层的腐蚀电流密度比 N 涂层的小一个数量级,证明 X 涂层的耐腐蚀性优于 N 涂层,说明在合适的喷涂参数和工艺下,采用粒度更小的 WC‑10Co‑4Cr 粉末制备涂层能较好地提高涂层的耐腐蚀性。

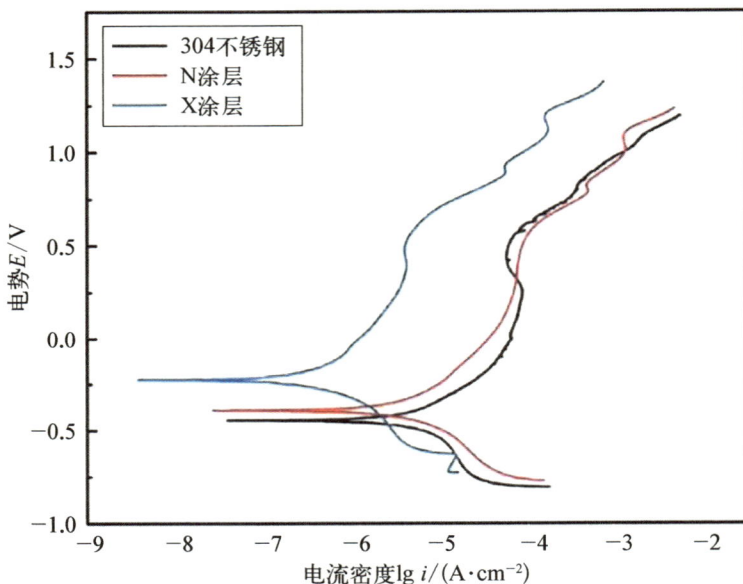

图 5‑24　WC‑10Co‑4Cr 涂层与 304 不锈钢的动电位极化曲线

表 5‑4　涂层电化学数据

涂　层	腐蚀电位/V	腐蚀电流密度/(A/cm^2)
X	−0.199	$1.996×10^{-7}$
N	−0.269	$3.123×10^{-6}$
304 不锈钢	−0.307	$5.579×10^{-6}$

　　邱实等为提升 2024 铝合金表面的耐蚀性能,采用 HVAF 制备铝基非晶合金涂层,开展先进涂层制备技术及其腐蚀行为研究[20]。图 5‑25 所示为铝基非晶合金涂层与 2024 铝合金基体的动电位极化曲线。相比于 2024 铝合金

基体的活性溶解,铝基非晶合金涂层表现出明显的钝化区,钝化电流密度约为 8×10^{-6} A/cm^2,点蚀电位约为 0.30 V$_{SCE}$。由此可见,铝基非晶合金涂层具有更加优异的耐蚀性。图 5 – 26 所示为铝基非晶合金涂层及 2024 铝合金基体的(EIS)曲线。图 5 – 26(a)所示为 Bode 频率-膜值(|Z|)曲线,可以看出铝基非晶合金涂层较 2024 铝合金基体表现出了更高的低频阻抗值,约为 2024 铝

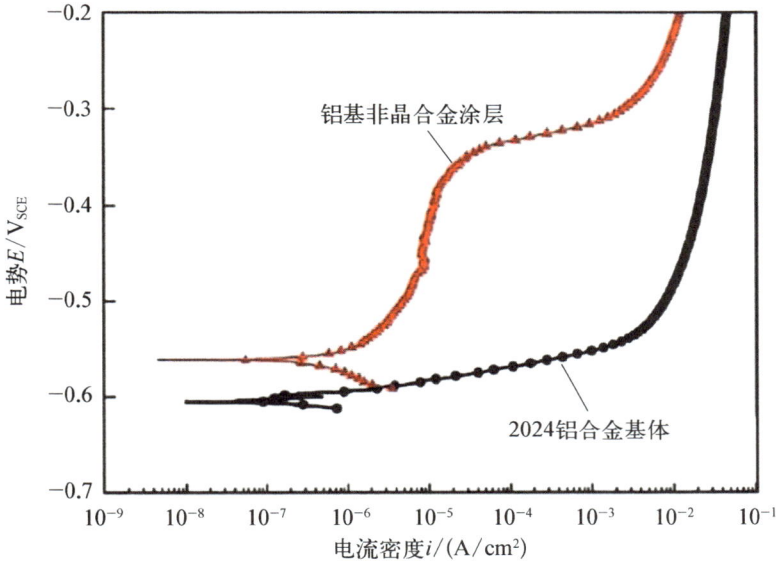

图 5 – 25　铝基非晶合金涂层及 2024 铝合金基体的动电位极化曲线

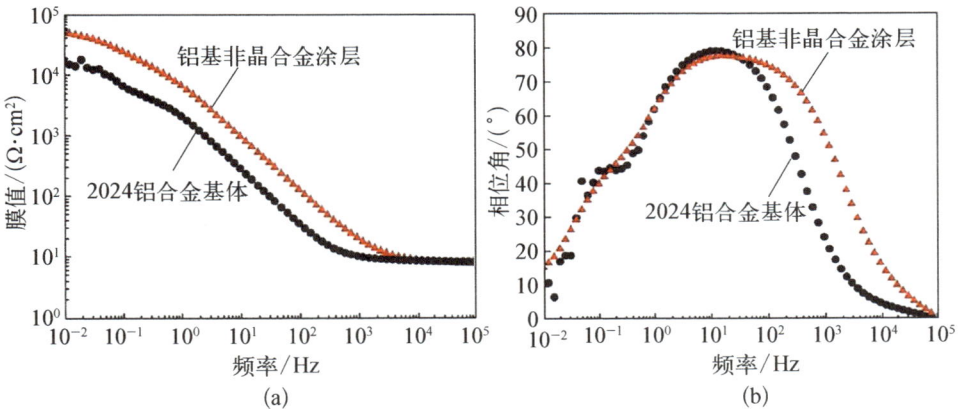

图 5 – 26　铝基非晶合金涂层及 2024 铝合金基体的 EIS 曲线

(a) 频率-膜值曲线;(b) 频率-相位角曲线

合金基体的 4 倍。通常，低频下的阻抗值与膜电阻相近，阻抗值越高，膜电阻越大。因此，铝基非晶合金涂层具有更好的保护性。图 5 - 26(b)所示为 Bode 频率-相位角曲线，可以看出铝基非晶合金涂层较 2024 铝合金基体表现出了更加宽化的相位角峰，表明铝基非晶合金涂层具有更好的耐蚀性。

图 5 - 27(a)(b)所示为铝基非晶合金涂层与 2024 铝合金基体的原始形貌。图 5 - 27(c)所示为铝基非晶合金涂层在 3.5%(质量分数)NaCl 溶液中浸泡 10 h 后的腐蚀形貌，涂层表面除了打磨留下的划痕外，整体表现出均匀的腐蚀形貌。图 5 - 27(d)所示为 2024 铝合金基体在 3.5%(质量分数)NaCl 溶

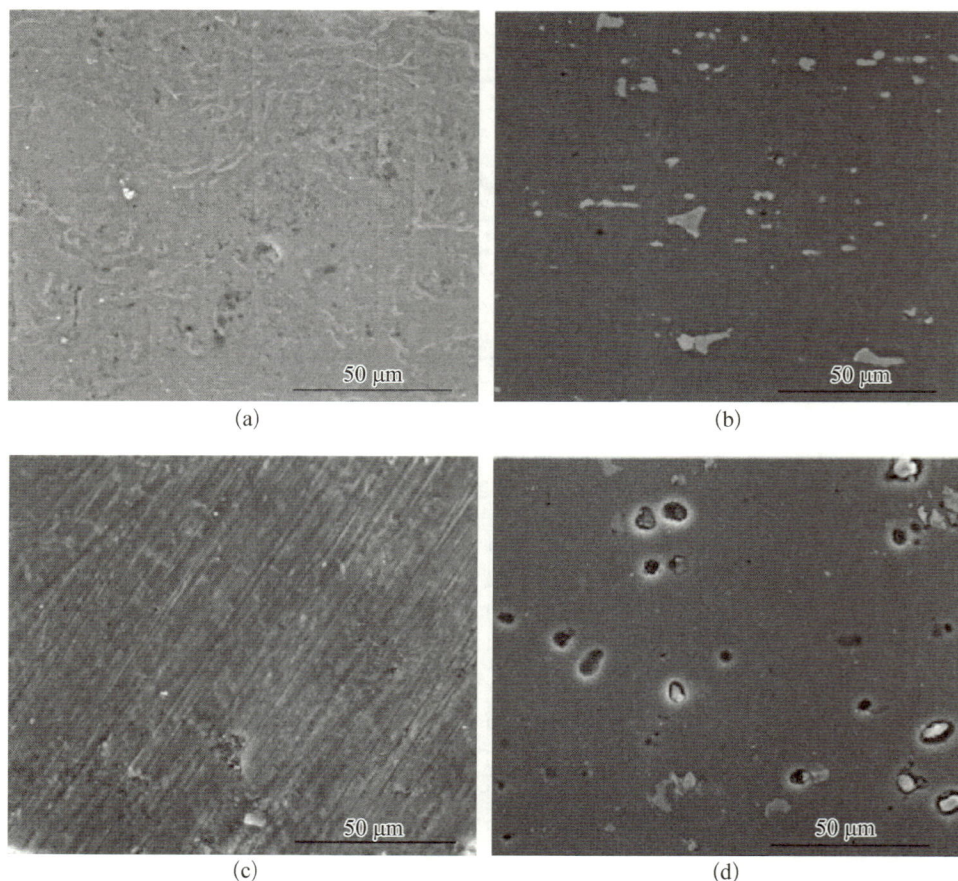

图 5 - 27　铝基非晶涂层和 2024 铝合金基体的腐蚀形貌

（a）铝基非晶合金涂层原始形貌；（b）2024 铝合金基体原始形貌；（c）铝基非晶合金涂层浸泡 10 h；（d）2024 铝合金基体浸泡 6 h

液中浸泡 6 h 后的腐蚀形貌。经过 6 h 浸泡，2024 铝合金基体表面出现了许多点蚀坑，这些蚀点通常对应于 S 相的溶解[21]。在 2024 铝合金基体中，S 相和 T 相分别为析出相和弥散相，能够起到很好的强化和硬化效果。然而，在耐蚀方面，S 相因较铝基体具有更低的自腐蚀电位而作为阳极，周围的铝基体作为阴极，形成了"大阴极，小阳极"的腐蚀电池，这会引起明显的局部腐蚀；T 相由于其电极电位高于纯铝且尺寸较小，不会引起明显的局部腐蚀。

参考文献

［1］ Gorlach I A. A new method for thermal spraying of Zn-Al coatings[J]. Thin Solid Films，2009，517(17)：5270 – 5273.

［2］ Si C，Wu W. Excellent corrosion resistant amorphous coating prepared by gas atomization followed by AC-HVAF spray technology[J]. Materials Research Express，2019，6(5)：1 – 6.

［3］ Yodoshi N，Yamada R，Kawasaki A，et al. Stress relaxation behavior of Fe-Co-Si-B-Nb metallic glassy alloys in their supercooled-liquid state [J]. Journal of Alloys and Compounds，2014，612：243 – 251.

［4］ Drehmann R，Grund T，Lampke T，et al. Interface characterization and bonding mechanisms of cold gas-sprayed Al coatings on ceramic substrates[J]. Journal of Thermal Spray Technology，2015，24(1 – 2)：92 – 99.

［5］ Mau H，Schelling K，Heisel C，et al. Comparison of various vacuum mixing systems and bone cements as regards reliability，porosity and bending strength[J]. Acta Orthopaedica Scandinavica，2004，75(2)：160 – 172.

［6］ Si C，Tang X，Zhang X，et al. Characteristics of 7055Al alloy powders manufactured by gas-solid two-phase atomization：A comparison with gas atomization process [J]. Materials and Design，2017，118：66 – 74.

［7］ Zhang Z Y，Liu X S，Feng S J，et al. Fabrication of an $Fe_{80.5}Si_{7.5}B_6Nb_5Cu$ amorphous-nanocrystalline powder core with outstanding soft magnetic properties[J]. Journal of Electronic Materials，2018，47：1819 – 1823.

［8］ Milanti A，Koivuluoto H，Vuoristo P，et al. Influence of the spray gun type on microstructure and properties of HVAF sprayed Fe-based corrosion resistant coatings[J]. Journal of Thermal Spray Technology，2015，24(7)：1312 – 1322.

［9］ Ma H R，Li J W，Chang C T，et al. Passivation behavior of Fe-based amorphous coatings prepared by high-velocity air/oxygen fuel processes [J]. Journal of Thermal Spray Technology，2017，26：2040 – 2047.

［10］ Guo R Q，Zhang C，Chen Q，et al. Study of structure and corrosion resistance of Fe-based amorphous coatings prepared by HVAF and HVOF[J]. Corrosion Science，2011，53：2351 – 2356.

［11］ Zhou Z，Wang L，He D Y，et al. Microstructure and electrochemical behavior of

Fe-based amorphous metallic coatings fabricated by atmospheric plasma apraying[J]. Journal of Thermal Spray Technology, 2011, 20: 344 - 350.

[12] Wang A P, Chang X C, Hou W L, et al. Preparation and corrosion behaviour of amorphous Ni-based alloy coatings[J]. Materials Science and Engineering A, 2007, 449 - 451: 277 - 280.

[13] Pang S J, Zhang T, Asami K, et al. Synthesis of Fe-Cr-Mo-C-B-P bulk metallic glasses with high corrosion resistance[J]. Acta Materialia, 2002, 50(3): 489 - 497.

[14] Jayaraj J, Sordelet D J, Kim D H, et al. Corrosion behaviour of Ni-Zr-Ti-Si-Sn amorphous plasma spray coating[J]. Corrosion Science, 2006, 48(4): 950 - 964.

[15] Schroeder V, Gilbert C J, Ritchie R O. Comparison of the corrosion behavior of a bulk amorphous metal, $Zr_{41.2}Ti_{13.8}Cu_{12.5}Ni_{10}Be_{22.5}$, with its crystallized form[J]. Scripta materialia, 1998, 38(10): 1481 - 1485.

[16] Liu C, Bi Q, Leyland A, et al. An electrochemical impedance spectroscopy study of the corrosion behaviour of PVD coated steels in 0.5 N NaCl aqueous solution: Part II — EIS interpretation of corrosion behaviour[J]. Corrosion Science, 2003, 45(6): 1257 - 1273.

[17] Liu C, Bi Q, Matthews A. EIS comparison on corrosion performance of PVD TiN and CrN coated mild steel in 0.5 N NaCl aqueous solution[J]. Corrosion Science, 2001, 43(10): 1953 - 1961.

[18] 黄伟,张建普,王伟,等. HVAF 喷涂超细 WC - 10Co - 4Cr 粉末涂层的耐腐蚀性研究[J]. 热喷涂技术,2022,14(1): 46 - 54.

[19] Kuroda S, Tashiro Y, Yumoto H, et al. Peening action and residual stresses in high-velocity oxygen fuel thermal spraying of 316L stainless steel[J]. Journal of Thermal Spray Technology, 2001, 10(2): 367 - 374.

[20] 邱实,张连民,胡红祥,等. HVAF 制备铝基非晶合金涂层及其腐蚀行为研究[J]. 中国舰船研究,2020,15(4): 89 - 96.

[21] Wang J, Zhang B, Wu B, et al. Size-dependent role of S phase in pitting initiation of 2024 Al alloy[J]. Corrosion Science, 2016, 105: 183 - 189.

第6章

高速燃气喷涂耐磨涂层

　　耐磨涂层的应用越来越广泛,尤其是在高冲击、高磨损的环境中。HVAF技术因其能够在基材表面形成致密而坚固的涂层,成为耐磨涂层应用的重要手段。耐磨涂层是通过物理或化学方法在材料表面形成的薄层,旨在提高耐磨损、耐腐蚀、耐热等性能。常见的耐磨涂层材料包括陶瓷涂层、金属涂层和复合涂层等。此外,耐磨涂层的性能还受到喷涂工艺、基材表面状态和涂层厚度等多种因素的影响。通过优化这些参数,可以获得更为优异的耐磨涂层。

　　本章将探讨 HVAF 技术的具体实施过程,以及如何选择和评估不同类型的耐磨涂层材料,确保其在实际应用中的有效性和可靠性。

6.1　常见的耐磨涂层

　　HVAF 技术可以制备具有高硬度和耐磨性能的涂层,如碳化物涂层、氮化物涂层等,这些涂层可以应用于机械零部件、工具等领域,提高零部件的耐磨性能,减少磨损和维修频率。表 6-1 所示为常见的耐磨和耐腐蚀的化合物涂层,表 6-2 所示为耐磨和耐腐蚀的硬面金属涂层。

表 6-1　耐磨和耐腐蚀的化合物涂层

产品编号	粉末通用名称	名义成分/%(质量分数)	硬度/HV_{300}	最大涂层厚度/mm	温度极限/℃
WC-104A	钴铬-碳化钨	Co-10 Cr-4 WC-余量 (C_{tot}-5.1)	1 100~1 250	2.0+	482

续　表

产品编号	粉末通用名称	名义成分/%(质量分数)	硬度/HV_{300}	最大涂层厚度/mm	温度极限/℃
WC-104S	钴铬-碳化钨	Co-10 Cr-4 WC-余量(C_{tot}-5.2)	1 100～1 250	1.5	482
WC-104F	钴铬-碳化钨	Co-10 Cr-4 WC/WC$_2$-余量(C_{tot}-3.8)	1 300+	0.8	482
WC-12	钴包碳化钨	Co-12 WC-余量(C_{tot}-5.2)	1 050～1 200	2.0+	454
WC-17	钴包碳化钨	Co-17 WC-余量(C_{tot}-4.9)	950～1 000	2.0+	454
WC-207N	镍铬-碳化钨	Ni-7.5 Cr$_3$C$_2$-20 WC-余量(C_{tot}-6)	1 050～1 200	1.5	549
WC-10N	镍包碳化钨	Ni-7 WC-余量(C_{tot}-5.5)	1 000～1 150	2.0+	482
CRC-25	镍铬-碳化铬	(Ni-20Cr)-25 Cr$_3$C$_2$-余量(C_{tot}-10)	750～850	1.0	749
CRC-20	镍铬-碳化铬	(Ni-20Cr)-20 Cr$_3$C$_2$-余量(C_{tot}-11)	800～950	1.0	749
KCT-300	镍铬钼-碳化铬-碳化钛	(Ni-20Cr-2Mo)-25 TiC-23 Cr$_3$C$_2$-余量(C_{tot}-9)	650～750[①]	1.0	549
MB-42	钴铬-硼化钼	(Co-30CrMo-alloy)-45 MoB-余量(B_{tot}-8.2)	1 000～1 100	0.8	900
NA-400	镍铝-氧化铝	Al$_2$O$_3$-32 Ni$_1$Al$_1$ intermetallic-余量	480～550[②]	0.8	900
FA-400	铁铝-氧化铝	Al$_2$O$_3$-30 Fe$_1$Al$_1$ intermetallic-余量	450～530[②]	1.5	593

注：① 由于氧化钛的形成,硬度将增加;
　　② 当工作在450℃以上时,Al$_2$O$_3$ 的表层硬度将超过 800 HV_{300}。

表 6-2　耐磨和耐腐蚀的硬面金属涂层

产品编号	粉末通用名称	名义成分/%（质量分数）	硬度/HRC	结合强度/MPa	温度极限/℃
SS-430	430 不锈钢	Cr-15 C-0.4 Fe-余量	41~45	61.2	538
SS-350	超级不锈钢	Ni-15 Cr-29 Mo-4 C-1.8 Fe-余量	55	81.6	593
ST-6	司太立 6 合金	Cr-27 W-4 C-1 Co-余量	48	81.6	649
ST-12	司太立 12 合金	Cr-29 W-8 C-1.3 Co-余量	50	54.4	649
T-400	Tribaloy* T400	Cr-8.5 Mo-26 Si-2.6 Co-余量	52	68.0	549
T-800	Tribaloy T800	Cr-17 Mo-28 Si-3.4 Co-余量	55	68.0	549
LM-M	Armocor M	Cr-45 B-6 Si-1 Mn-1 Ni-余量	65+	81.6	816
SHS-717	纳米钢	Cr-19 Mo-4 W-9 C-1.8 Si-1 B-5	65+	81.6	704
NI-1662	Ni-Cr-WB	Cr-14 W-9 B-2.5 Si-4 C-0.6 Ni-余量	62~64	61.2	816
NI-69	铬化硼系化合物 69	Cr-16 Mo-3.5 Cu-2 B-3.6 Si-4.8 C-0.55 Ni-余量	59~62	40.8	816
NI-1620	Ni-B	B-2 Si-4 Ni-余量	45	81.6	499
CO-TAC	CoCrAlYTa-Al$_2$O$_3$	Cr-25 Ta-10 Al-8 Y-0.8 C-0.8 Si-0.8 Co-余量（混有氧化铝）	48	81.6	1 038

6.2　高速燃气喷涂耐磨涂层的研究现状

Bolelli 等研究了 HVAF 制备 5~30 μm 和 15~45 μm 两种不同粒度范围

的 WC‐Co‐Cr 粉末涂层的滑动和摩擦磨损性能[1]。Bolelli 采用两种粒度的粉末,不考虑喷嘴结构的影响,来比较 HVOF 和 HVAF WC‐10Co‐4Cr 涂层的摩擦学性能。结果表明,由细粒度粉末沉积的涂层具有优异的耐磨性能。Matikainen 等使用相同的 HVAF M3 喷枪配置沉积了粒度范围为 $10\sim30~\mu m$ 和 $5\sim25~\mu m$ 的两种粉末的涂层[2]。颗粒尺寸较大的飞行颗粒比颗粒尺寸较小的平均测量温度高 50℃(1 410℃ vs 1 360℃),而细粉末的颗粒速度比粗粉末高约 30 m/s(957 m/s vs 929 m/s)。用粗粉末喷涂的涂层的平均维氏硬度略高,为 1 458 HV_{300},而颗粒尺寸较细涂层为 1 344 HV_{300}。Matikainen 等研究了喷嘴配置对 HVAF WC‐Co‐Cr 涂层摩擦学性能的影响,该涂层采用 $10\sim30~\mu m$ 粒度的原料粉末沉积[3]。该试验使用了 3 个相同长度但出口直径不同的喷嘴:一个圆柱形(命名为 4L0)和两个会聚‐发散配置(命名为 4L2 和 4L4),随着喷嘴名称从 4L0 变为 4L2 和 4L4(4L2 和 4L4 设计见图 6‐1),出口直径增加。结果表明,直孔喷嘴的平均颗粒速度可以从 780 m/s 提高到会聚发散喷嘴的 900 m/s,涂层的密度和微观结构都得到了显著改善。Lyphout 等利用相同的喷枪和不同长度的喷嘴喷涂相同的粉末来研究 WC‐Co‐Cr 涂

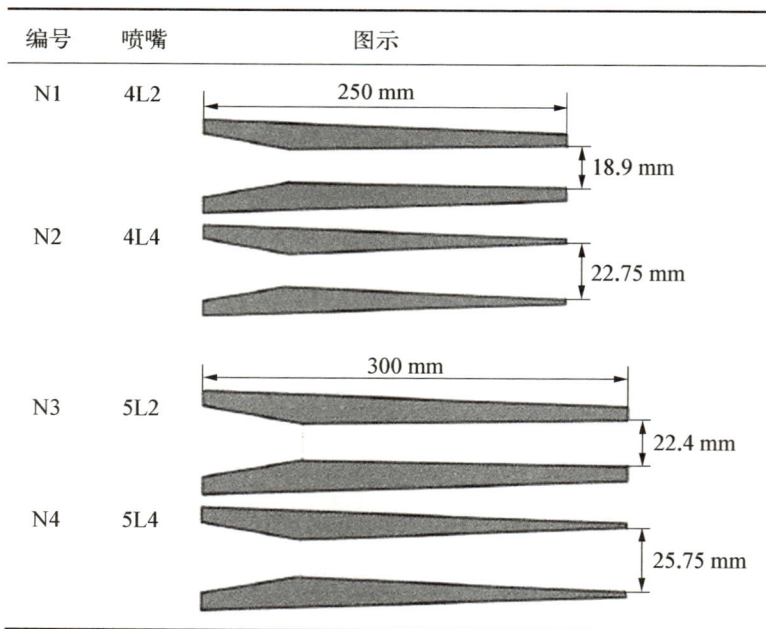

编号	喷嘴	图示
N1	4L2	250 mm
N2	4L4	18.9 mm 22.75 mm
N3	5L2	300 mm
N4	5L4	22.4 mm 25.75 mm

图 6‐1　不同的喷嘴配置

层的力学性能和磨损性能。结果表明,喷嘴长度的增加可以提高涂层的显微硬度和耐磨性[4]。Kumar 等的研究表明,当 HVAF AK06 喷枪(美国 Kermetico 公司)采用 3 种不同几何设计的喷嘴(5O、5E 和 5L)喷涂相同粒度(20~45 μm)的 WC - Co - Cr 原料粉末时,平均颗粒速度分别为 1 010 m/s、960 m/s 和 895 m/s[5]。

　　于艳爽等利用 AC - HVAF 技术制备了纳米结构镍基涂层,对涂层组织以及高温磨损性能进行研究[6]。喷涂工艺参数如表 6 - 3 所示。

表 6 - 3　AC - HVAF 喷涂镍基涂层工艺参数

空气气压/psi	燃料 1 气压/psi	燃料 2 气压/MPa	喷涂距离/mm	送粉率/(g/min)
80~0	65~70	35~40	150~155	30~35

　　镍基涂层的 XRD 分析结果表明,涂层主相为 γ - Ni 固溶体,分布着 $FeNi_3$、Ni_3B、CrB_2、$Cr_{23}C_6$ 和 Cr_7C_3 等化合物(见图 6 - 2)。利用衍射峰的半高宽经谢乐公式分别计算了主峰以及各种化合物的晶粒尺寸,其中 γ - Ni 固溶体的晶粒尺寸为 30~40 nm,而各种化合物的晶粒尺寸为 50~60 nm,表明涂层为纳米结构。

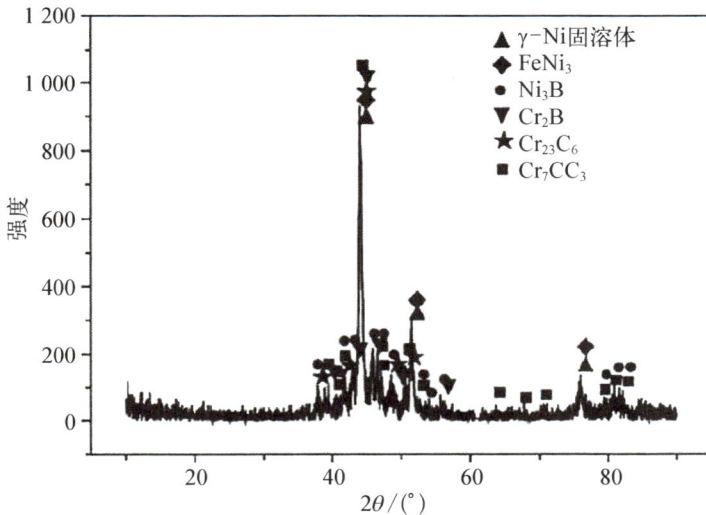

图 6 - 2　纳米结构镍基涂层的 XRD 图谱

图 6-3 所示为纳米结构镍基涂层截面的 SEM 形貌,涂层厚度为 700～800 μm,涂层与基体结合良好,涂层由熔融或半熔融的扁平颗粒相互堆积而成,颗粒经火焰加热熔化后高速撞击基体而成扁平状。部分颗粒之间的结合非常好且呈互融的状态[见图 6-3(b)中 A 区域],部分呈半熔融状态[见图 6-3(b)中 B、C 区域]。半熔融颗粒的结合处存在微裂纹[见图 6-3(b)中箭头处],出现微裂纹的原因主要是半熔融的颗粒高速碰撞基体后存在急冷的过程,颗粒体积收缩而形成微裂纹,微裂纹的形成对涂层的性能不利。因此,在喷涂过程中提高颗粒的熔融状态有助于消除微裂纹,但火焰温度太高会导致过多熔融颗粒黏着在喷枪上,造成堵枪,其工艺参数的选择以适当提高火焰温度为宜。如图 6-3(b)所示,γ-Ni 固溶体中分布着大小、形状不同的各种化合物,根据 XRD 结果可知为铬的化合物。

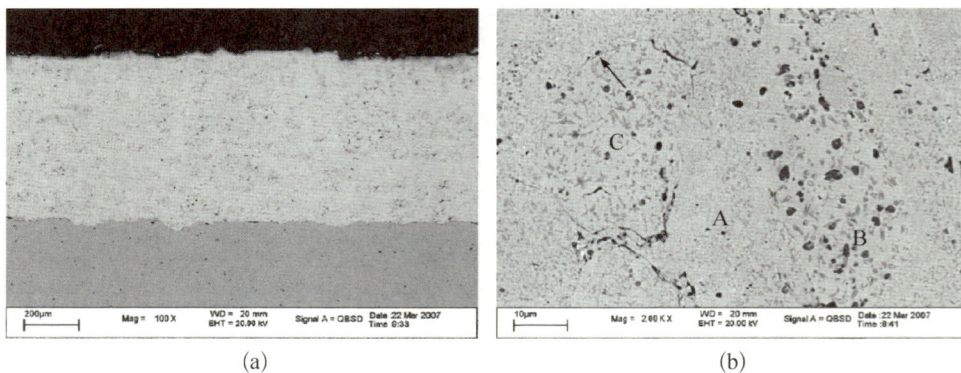

(a)   (b)

图 6-3 纳米结构镍基涂层截面 SEM 图像

(a) 涂层整体截面显微形貌;(b) 局部放大显微形貌

图 6-4 所示为镍基涂层表面场发射扫描电镜(FESEM)形貌。从未抛光表面的 FESEM 形貌[见图 6-4(a)(b)]可以看出,涂层中部分颗粒为 50～70 nm 粒度,部分颗粒非常细小,尺寸达到 20～30 nm,这些 20 nm 左右的细小颗粒存在团聚现象[见图 6-4(b)中 A 区域],这主要是由纳米颗粒的高表面能造成的。随着粒度减小,表面积急剧变大,引起表面原子数迅速增加,由于表面原子数增多,原子配位不足及高表面能使这些表面原子具有高的活性,极不稳定,很容易与其他原子结合,颗粒之间的高结合状态有助于提高涂层的内部结合力。图 6-4(c)～(f)为涂层表面经抛光、侵蚀后的 FESEM 形貌。部

分区域颗粒呈熔融状态[见图 6-4(c)中 B 区域]，部分仍保持颗粒的特征处于半熔融状态[见图 6-4(c)中 C 区域]。高倍观察涂层的这两个区域，熔融程度较高的 B 区域晶粒细化明显，存在大量 20～30 nm 粒度的颗粒[见图 6-4(d)]，而呈颗粒特征的半熔融 C 区域则存在树枝晶[见图 6-4(e)中 D 区域]

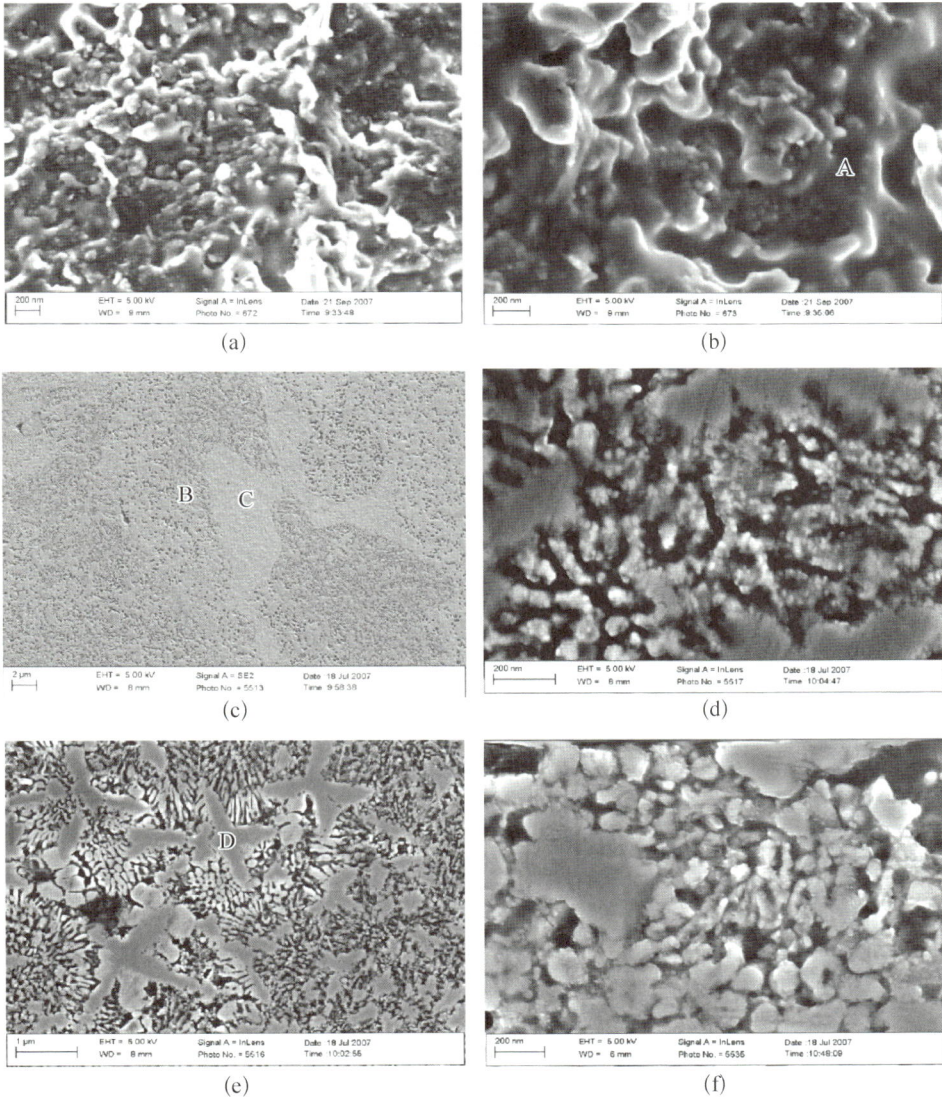

图 6-4　纳米结构镍基涂层表面 FESEM 图像

(a)(b) 涂层未抛光表面的 FESEM 形貌；(c)(d)(e)(f) 涂层表面经抛光、侵蚀后的 FESEM 形貌和较大颗粒区[见图 6-4(f),粒度 50～70 nm]。AC-HVAF 制备 Ni 基涂层,火焰温度较低(1 000～1 200℃),因此在喷涂纳米结构粉末时可以使其保持纳米结构。另外,颗粒飞行速度快(800 m/s 左右),熔融的颗粒在高速碰撞过程中存在碎化和急冷的过程,可以使颗粒进一步细化,处于熔融状态的颗粒碎化和急冷的程度要高于半熔融状态的颗粒,因此涂层熔融程度高的区域颗粒更加细小,而半熔融状态的区域则颗粒尺寸较大。

图 6-5 所示为镍基涂层在各温度下的高温磨损体积和摩擦系数,其中对比试样为高温磨损性能较好的高铬铸铁。从图 6-5(a)可以看出镍基涂层的耐高温磨损性能优于高铬铸铁,其磨损体积低于高铬铸铁的 1/3,耐高温磨损性能优于高铬铸铁。从图 6-5(b)可以看出涂层的摩擦系数显著低于高铬铸铁。镍基涂层摩擦系数随磨损时间逐渐降低,后期较稳定。高抗氧化性的镍基涂层表现出了较优异的耐高温和耐磨损性能,摩擦系数低,高温磨损性能明显优于基体高铬铸铁。

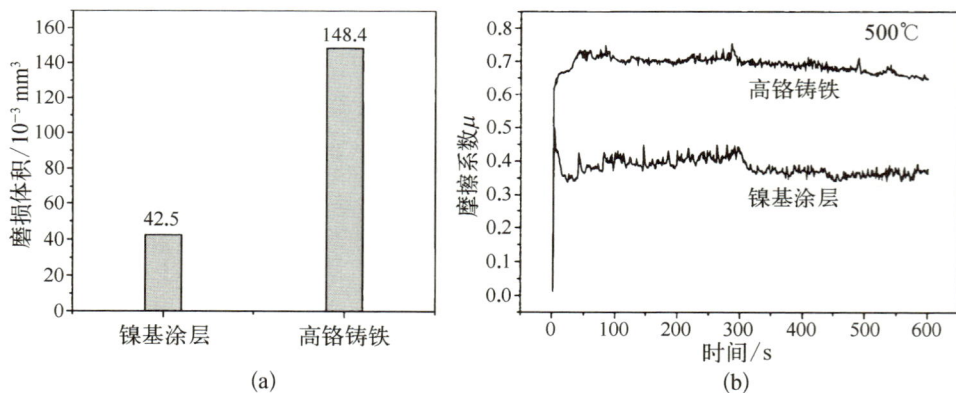

图 6-5 镍基涂层和高铬铸铁的磨损体积及摩擦系数

(a) 磨损失重;(b) 摩擦系数

马光等利用先进的 AC-HAVF 技术在 0Cr13Ni5Mo 不锈钢上制备了 Ni60/WC 复合涂层,并研究了其微观组织及耐磨性能[7]。图 6-6 为 AC-HVAF Ni60/WC 涂层的 XRD 图谱。由图 6-6 可知,自熔合金粉末 Ni60/WC 的 AC-HVAF 涂层主要由 Ni-Fe 固溶体、M_6C(Fe_3W_3C 或 Ni_2W_4C)、$Cr_{0.19}Fe_{0.7}Ni_{0.11}$、WC、$CrB_2$、$Cr_{23}C_6$ 等相组成。涂层中未发现在 HVOF 或等离子喷涂时出现的 W_2C 相或 W 相。WC 在高温氧性气氛中易发生分解产生 W_2C,

但是由于 AC‑HAVF 技术火焰温度低,极大地避免了 W_2C 脆性相的产生,这对涂层的韧性以及耐磨性是很有好处的。Qiao 等认为 WC 涂层磨损率随着 WC 分解产物的增加而增加,尤其是 W_2C 相[8-11]。从 XRD 结果可以看出 HVAF 可以有效地抑制 WC 的分解,进而提高涂层的耐磨性。M_6C 相是 WC 在喷涂过程中与镍、铁反应产生的硬质相。除了 WC、M_6C 硬质相外,B、Si 等元素也对涂层起着固溶强化作用,在 Ni 基合金粉末中,Si 元素部分溶于 Fe‑Ni 固溶体起到固溶强化作用,B 元素一部分溶于固溶体,其余部分与 Cr 元素形成 CrB_2 相,这些 CrB_2 相与 $Cr_{23}C_6$ 相弥散分布于固溶体中起到弥散强化作用[12]。

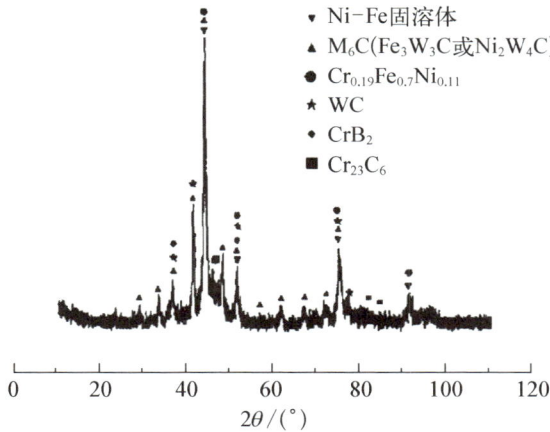

图例:
▼ Ni‑Fe固溶体
▲ $M_6C(Fe_3W_3C$ 或 $Ni_2W_4C)$
⬣ $Cr_{0.19}Fe_{0.7}Ni_{0.11}$
★ WC
◆ CrB_2
■ $Cr_{23}C_6$

图 6‑6　AC‑HVAF Ni60/WC 涂层的 XRD 图谱

图 6‑7 所示为 Ni60/WC 涂层冲蚀磨损失重及磨损形貌。从图 6‑7(a)可以看出涂层的冲蚀磨损失重为 109.2 mg,远小于基体 0Cr13Ni5Mo 不锈钢的失重,仅为基体失重的 1/5。而且涂层的冲蚀磨损失重曲线很平缓,失重随试验时间的增加变化很缓慢,而基体的磨损失重随着时间的增加变化很大,磨损随时间的增加越来越剧烈。

泥沙颗粒对涂层表面的作用主要为冲击和切削,涂层在颗粒反复的冲击作用下产生疲劳应力,在疲劳应力作用下产生微小的裂纹。随着时间的增加,裂纹萌生、扩展并连接,最终导致涂层呈小片状脱离[见图 6‑7(b)]。因为涂层呈层状分布,因此各层涂层之间的结合力对涂层的抗冲蚀磨损性能影响很大。一方面,在涂层中未发现 WC 分解的 W_2C 相以及 W 相,这有助于涂层韧性的提高,进而提高涂层的抗冲蚀能力。另一方面,涂层中弥散分布着 WC、

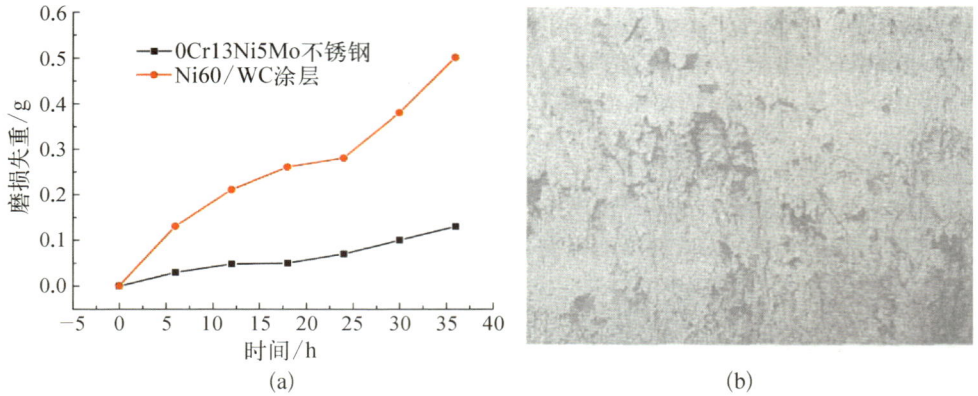

图 6-7 Ni60/WC 涂层冲蚀磨损失重及磨损形貌

（a）涂层及基体的冲蚀磨损失重；（b）涂层的磨损形貌（400×）

M_6C、$Cr_{23}C_6$、CrB_2 等细小的硬质颗粒对涂层起到强化作用，提高了涂层的韧性以阻止裂纹的扩展。此外，大量的细晶粒边界起到缓冲疲劳应力的作用，阻碍裂纹扩展，从而提高韧性及塑性。同时当涂层中的硬质颗粒较大时，过大的WC 颗粒在磨损时易在磨粒不断撞击下断裂剥落，这些剥落的大的 WC 颗粒会加剧涂层的磨损。所以涂层中的 WC 颗粒的大小要适中才能起到很好的耐磨损作用[13]。此外，涂层的孔隙易成为涂层磨损过程中的裂纹源，较大的孔隙率使得裂纹的萌生和扩展变的更容易，因此低的孔隙率有利于提高涂层的耐磨性。

总体来说，涂层耐磨性受涂层的韧性、硬质颗粒大小和孔隙率等因素的影响。利用 AC-HVAF 技术制备的 Ni60/WC 涂层具有微观结构优良、抑制WC 分解、硬质颗粒细小以及孔隙率较低等优点，因而涂层具有优良的耐磨性。

伍超群等利用超声速火焰喷涂技术和低压等离子喷涂技术，在铜基体上制备镍基涂层，研究涂层在室温下的摩擦磨损特性，探讨涂层的磨损机理[14]。图 6-8 所示为 HVAF 涂层和 LPPS 涂层的表面 SEM 形貌和截面光学显微形貌。涂层呈现出热喷涂涂层特有的层状结构，由变形的颗粒相互堆积而成。在 HVAF 制备的镍基涂层中存在大量的未熔颗粒，截面观察发现腐蚀后的涂层出现明暗交替的区域，该区域由熔融颗粒与部分未熔颗粒组成，还存在部分腐蚀孔洞和极少量的 Al_2O_3 颗粒。而 LPPS 制备的镍基涂层无论表面还是截面,其喷涂颗粒大多发生熔融变形,且涂层中出现大量的 Al_2O_3 颗粒。采用电子探针(EPMA)分析镍基涂层不同区域的化学成分,分析发现在 HVAF 镍基涂层的未熔区域(灰色)仍保留颗粒的大致形态,其 Cr、W 含量(Cr 为 14.74%,W 为 8.88%)与原始喷涂颗粒的成分基本相似,且高于熔融区域(灰白色)的 Cr、W 含量(Cr 为 12.03%、W 为 7.41%)。在 LPPS 制备的镍基涂层中,涂层颗粒大多呈熔融状,其熔融区域(白色)的 Cr、W 含量分别为 13.07% 和 7.42%,灰色变形区含少量的 Cr、W,棱角分明呈颗粒状的为 Al_2O_3 颗粒。

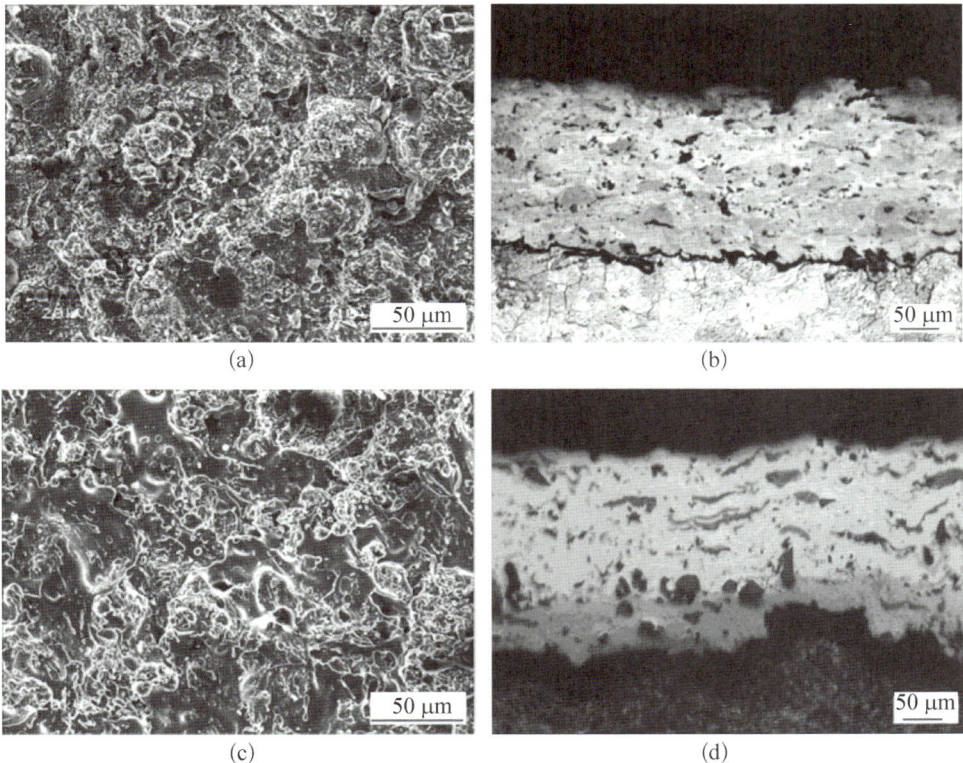

图 6-8　不同热喷涂技术制备的镍基涂层形貌

(a) HVAF 涂层表面 SEM 形貌;(b) HVAF 涂层截面光学显微形貌;(c) LPPS 涂层表面 SEM 形貌;(d) LPPS 涂层截面光学显微形貌

显微硬度分析表明两种喷涂技术制备的镍基涂层具有不同的硬度。HVAF 制备的涂层显微硬度为 579~1 089 HV,平均值为 831 HV,最高硬度可达 1 089 HV；LPPS 制备的涂层显微硬度为 488～657 HV，平均值为 559 HV，最高硬度可达 657 HV。采用 HVAF 技术制备的镍基涂层由熔融及未熔融的颗粒组成，显微组织由镍相软基体上分布的碳化物、硼化物等硬质相构成，其硬度变化较大。整体而言，采用 HVAF 技术制备的镍基涂层比 LPPS 制备的镍基涂层具有更高的显微硬度。

表 6-4 所示为两种喷涂技术制备的镍基涂层在润滑状态及 150 N 载荷下的磨损失重。由表 6-4 可知，HVAF 喷制的涂层磨损痕迹宽度和磨损失重均小于 LPPS 喷制涂层，显示出较好的耐磨性。如图 6-9 所示，两种喷涂技术制备的涂层的磨损表面形貌存在明显差异，表明两者占主导地位的磨损机理不同。HVAF 涂层磨损表面出现明显的平行擦痕，以犁沟为主，表明其磨损机理主要为磨粒磨损。而 LPPS 涂层磨损表面除出现少量的犁沟痕迹外，还存在大量的鳞片状的剥落凹坑[见图 6-9(b)中箭头区域]，表现出磨粒磨损和疲劳磨损的复合磨损形式。

表 6-4　不同热喷涂技术制备的镍基涂层耐磨试验结果

喷涂技术	磨损痕迹宽度/mm	磨损失重/mg
HVAF	1.61	2.4
LPPS	1.68	3.7

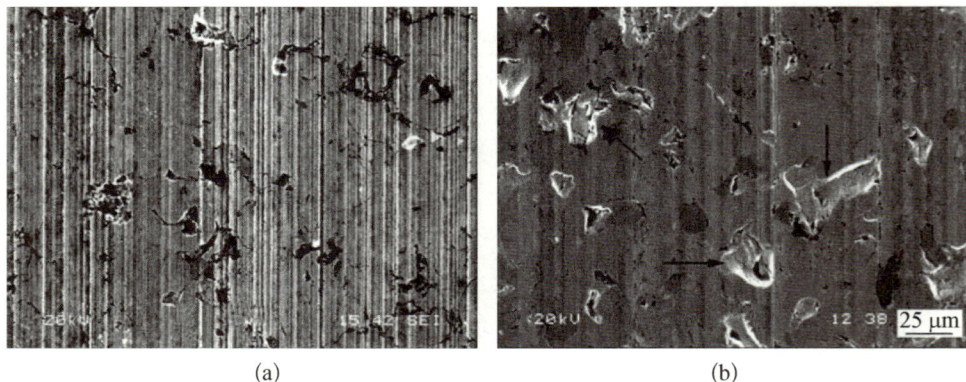

(a)　　　　　　　　　　(b)

图 6-9　不同热喷涂技术制备的镍基涂层磨损表面形貌

(a) HVAF 涂层；(b) LPPS 涂层

宋进兵等采用 HVAF 技术制备了 WC‐Co‐Cr 涂层,研究了涂层的显微结构、显微硬度、相组成及耐磨性,并与国外爆炸喷涂的碳化钨涂层进行了对比[15]。碳化钨涂层常用作耐磨涂层,其耐磨性是非常重要的性能指标。如图 6‐10 所示,两种制备的涂层的磨损失重都随着载荷的增大而增加,在不同的载荷下 HVAF 制备的涂层的磨损失重均小于爆炸喷涂。这表明,HVAF 制备的 WC‐Co‐Cr 涂层具有良好的耐磨性,完全可以替代爆炸喷涂制备的涂层作为耐磨涂层使用。图 6‐11 所示为在载荷 30 N 情况下的 HVAF 技术和爆炸喷涂技术制备的涂层的磨损形貌。HVAF 涂层的犁沟明显比爆炸喷涂

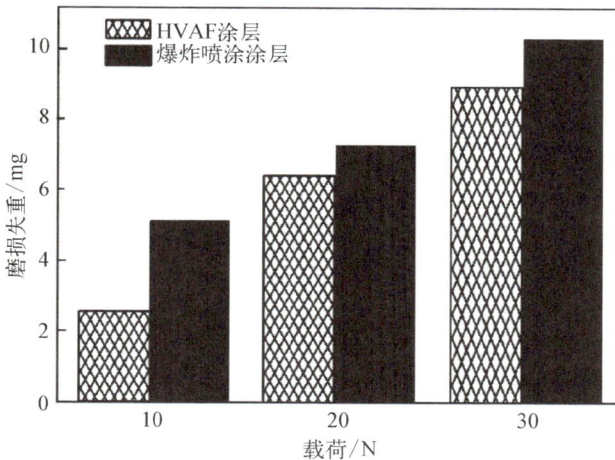

图 6‐10　碳化钨涂层磨损失重与载荷的关系图

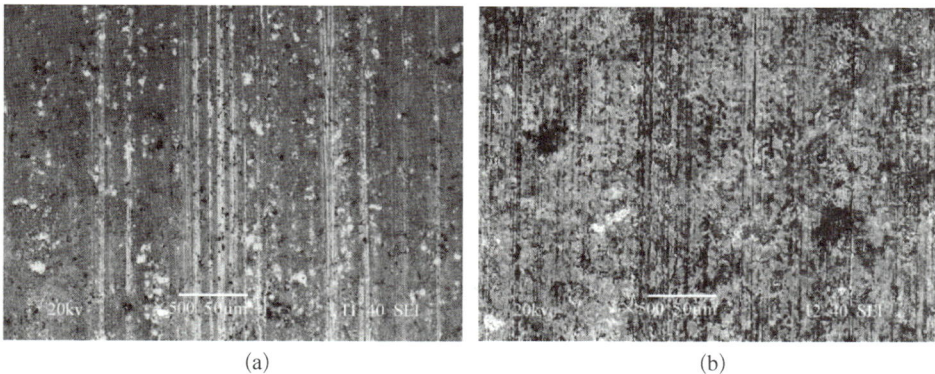

(a)　　　　　　　　　　　　　(b)

图 6‐11　涂层的磨损形貌

(a) HVAF 涂层;(b) 爆炸喷涂涂层

涂层的浅。因此,HVAF 涂层的耐磨性优于爆炸喷涂涂层,这与磨耗试验的结果是相符合的。

王硕煜等采用 HVAF 技术在 CrZrCu 合金上分别制备了 Cr_3C_2 - 70NiCr 涂层及 Cr_3C_2 - 50NiCr 涂层,试验结果表明具有较高碳化物含量的 Cr_3C_2 - 50NiCr 涂层硬度更高和耐磨损性能更优异,但硬质相含量较高使得涂层内部孔隙率增高,涂层内部的缺陷在高载情况下会导致裂纹的萌生和扩展,涂层与基体结合强度也会相对变差。因此,Cr_3C_2 - NiCr 涂层中碳化物和黏结相合理的配比有助于涂层服役于不同的工作环境[16]。

雷国财为提高张力辊的辊面性能,分别采用电镀硬铬、HVOF WC - 12Co、HVAF WC - 12Co 3 种工艺对张力辊辊面进行强化处理,并对和张力辊同时喷涂的参比试样进行分析[17]。镀铬层的截面如图 6 - 12 所示,镀铬层中存在大量的微裂纹,这是因为电镀过程中无法避免地产生大量氢气,氢气进入基体产生氢脆裂纹,这些裂纹将破坏镀层的结合力造成镀层剥落[18]。HVOF WC - 12Co 涂层截面显微形貌如图 6 - 13 所示,孔隙率为 2.3%。HVAF WC - 12Co 涂层截面形貌如图 6 - 14 所示,孔隙率为 0.6%,涂层组织结构致密,且在涂层厚度方向上组织分布均匀。

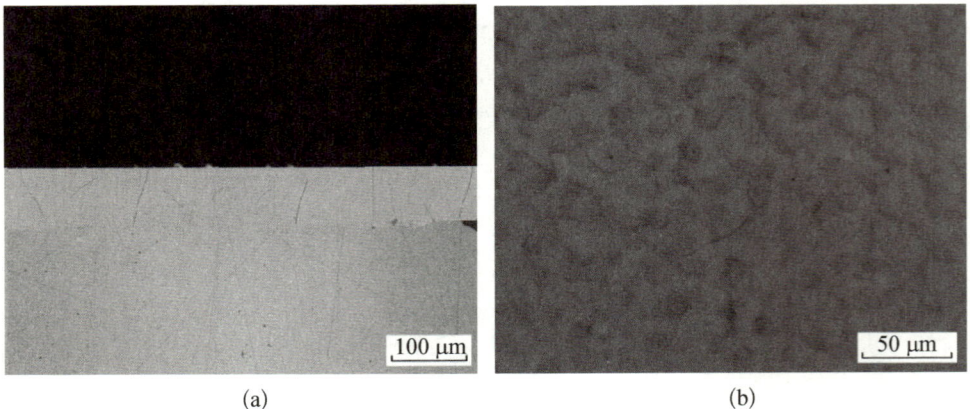

(a)　　　　　　　　　　　　　　　(b)

图 6 - 12　电镀硬铬层截面状态

(a) 低倍形貌;(b) 高倍形貌

大多数 HVOF 粉末以液态熔滴形式沉积于基体或底部涂层表面,经过凝固、冷却过程形成涂层,熔滴冷凝收缩产生孔隙。HVAF 粉末颗粒受热温

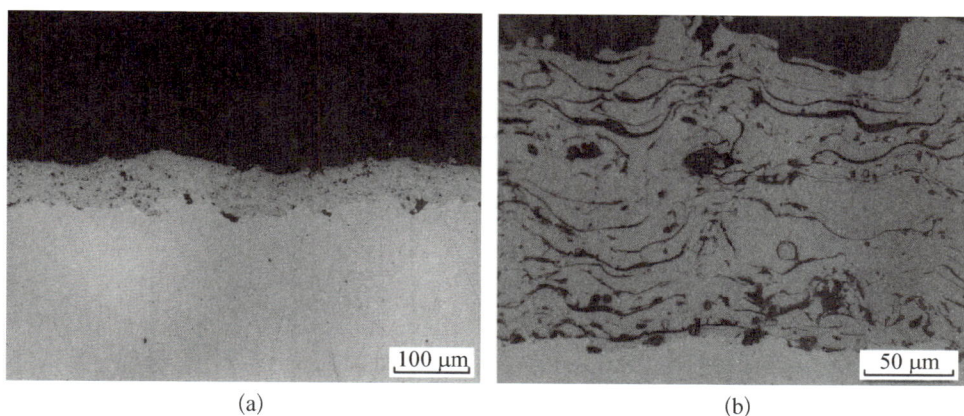

(a)　　　　　　　　　　　　　　(b)

图 6‑13　HVOF WC‑12Co 涂层截面显微形貌

（a）低倍形貌；（b）高倍形貌

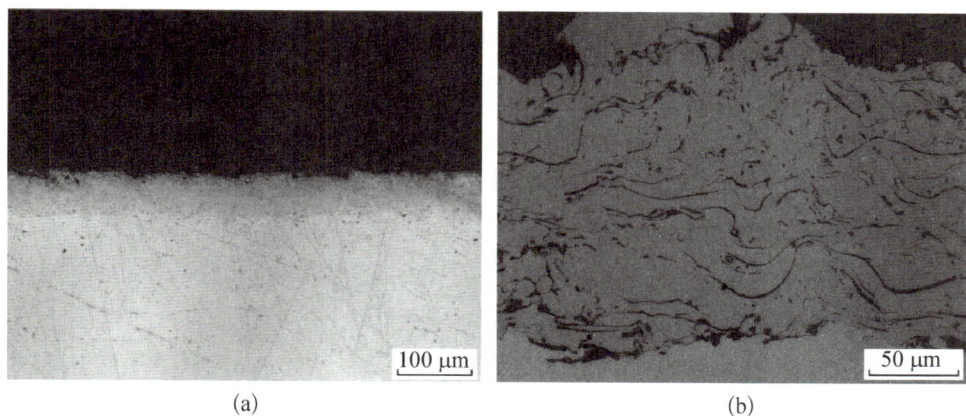

(a)　　　　　　　　　　　　　　(b)

图 6‑14　HVAF WC‑12Co 涂层截面形貌

（a）低倍形貌；（b）高倍形貌

度略高于材料熔点，因此粉末颗粒在喷涂过程中以熔融状态与基体或底部涂层发生撞击。在高速撞击过程中脆性的 WC 颗粒可能发生破碎，并形成细小的 WC 颗粒和致密的涂层，因此采用 HVAF 技术制备的涂层孔隙率较 HVOF 低。

图 6‑15 所示为电镀硬铬层、HVOF WC‑12Co 涂层、HVAF WC‑12Co 涂层的硬度对比。HVAF WC‑12Co 涂层的平均硬度为 1 400 HV$_{300}$，明显高于电镀铬层和 HVOF WC‑12Co 涂层，这是因为 HVAF 火焰温度较 HVOF

低约 1 000℃，能够有效抑制粉末中 WC 硬质相的分解，同时喷涂的速度更高，撞击涂层更为致密[19]。

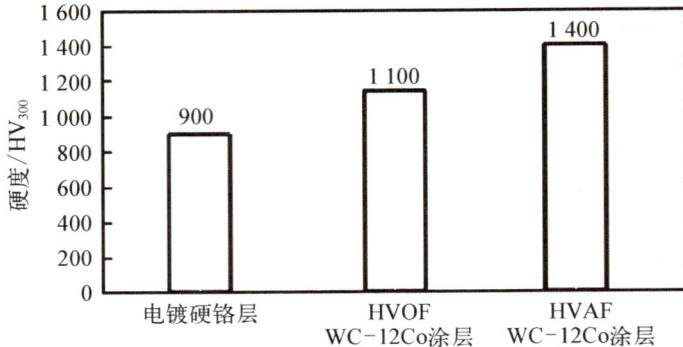

图 6−15 不同工艺制备镀层、涂层硬度对比

将 3 根张力辊分别安装在同一生产线上，镀铬辊上线使用 6 个月后，与张力辊接触的带钢表面出现划伤现象，同时辊子转动出现异常[20]，下线检查发现辊面镀铬层局部损坏，推测是镀铬层中的微裂纹在带钢张力长时间作用下转变为宏观裂纹，同时镀铬层应力释放，导致镀铬层失效，检测粗糙度为 Ra 2.3 μm 左右，说明粗糙度增大明显。而喷涂 WC−12Co 的两根辊子转动正常，停机时检测粗糙度未见明显增大，可见 WC 金属陶瓷涂层相比硬铬镀层具有更优越的耐磨损性能[21]。进一步试验发现，HVOF WC−12Co 的辊子上线使用 1 年后辊面有一定的异物黏附，而 HVAF WC−12Co 的辊子上线使用 1 年后状态良好。推测这是因为 HVOF 涂层的孔隙率大于 HVAF，同时两种工艺制备的辊面微观形貌存在一定差异，采用 HVOF 工艺获得的辊面涂层未达到全面去除涂层表面小毛刺和尖峰的效果，而采用 HVAF 工艺获得的辊面涂层形貌是抛光后重新喷砂获得，辊面波峰、波谷较为均匀。两种工艺相比，采用 HVOF 工艺获得的辊面涂层更容易黏附锌粉及其他杂质[22]。

参考文献

[1] Bolelli G，Berger L M，Börner H，et al. Tribology of HVOF- and HVAF-sprayed WC-10Co-4Cr hardmetal coatings：a comparative assessment［J］. Surface and Coating Technology，2015，265：125−144.

[2] Matikainen P，Peregrina V，Ojala S R，et al. Erosion wear performance of WC-10Co4Cr

and Cr$_3$C$_2$-25NiCr coatings sprayed with high-velocity thermal spray processes[J]. Surface and Coating Technology, 2019, 370: 196 - 212.

[3] Matikainen V, Koivuluoto H, Vuoristo P, et al. Effect of nozzle geometry on the microstructure and properties of HVAF-sprayed WC-10Co-4Cr and Cr$_3$C$_2$-25NiCr coatings[J]. Journal of Thermal Spraying Technology, 2018, 27: 680 - 694.

[4] Lyphout C, Björklund S, Karlsson M, et al. Screening design of supersonic air fuel processing for hard metal coatings[J]. Journal of Thermal Spraying Technology, 2014, 23: 1323 - 1332.

[5] Kumar R K, Kamaraj M, Seetharamu S, et al. Effect of spray particle velocity on cavitation erosion resistance characteristics of HVOF and HVAF processed 86WC-10Co-4Cr hydro turbine coatings[J]. Journal of Thermal Spraying Technology, 2016, 25: 1217 - 1230.

[6] 于艳爽,马光. HVAF 喷涂纳米结构 Ni 基涂层组织及高温磨损性能研究[J]. 中国体视学与图像分析,2022,27(1): 33 - 38.

[7] 马光,樊自拴,孙冬柏,等. AC - HVAF 喷涂 Ni60/WC 复合涂层微观组织及冲刷磨损性能研究[J]. 有色金属(冶炼部分),2006(S1): 19 - 22.

[8] Sudaprasert T, Shipway P H, McCartney D G. Sliding wear behaviour of HVOF sprayed WC - Co coatings deposited with both gas-fuelled and liquid-fuelled systems[J]. Wear, 2003, 255: 943 - 949.

[9] Li H, Khor K A, Yu L G, et al. Microstructure modifications and phase transformation in plasma-sprayed WC-Co coatings following post-spray spark plasma sintering[J]. Surface and Coatings Technology, 2005, 194: 96 - 102.

[10] Stoica V, Ahmed R, Itsukaichi T, et al. Sliding wear evaluation of hot isostatically pressed(HIPed) thermal spray cermet coatings[J]. Wear, 2004, 257: 1103 - 1124.

[11] Qiao Y F, Fischer T E, Dent A. The effects of fuel chemistry and feedstock powder structure on the mechanical and tribological properties of HVOF therma-l sprayed WC-Co coatings with very fine structures[J]. Surface and Coatings Technology, 2003, 172: 24 - 41.

[12] 任颂赞,张静江,陈质如,等. 钢铁金相图谱[M]. 上海：上海科学技术文献出版社,2003.

[13] 鲍君峰,于月光,刘海飞. HVOF 喷涂 WC/Co 涂层冲蚀磨损机理研究[J]. 矿冶,2006, 15(1): 24 - 28.

[14] 伍超群,周克崧,刘敏,等. 不同热喷涂技术制备镍基涂层的摩擦磨损性能[J]. 中国有色金属学报,2007,17(9): 1506 - 1510.

[15] 宋进兵,刘敏. HVAF 工艺制备 WC - CoCr 涂层的性能表征[J]. 材料研究与应用,2011,5 (4): 271 - 274.

[16] 王硕煜,陈鹏飞,蔡飞,等. HVAF 喷涂不同碳化物含量的 NiCr - Cr$_3$C$_2$ 涂层研究[J]. 热喷涂技术,2017,9(2): 22 - 27.

[17] 雷国财. 张力辊表面处理工艺的应用分析[J]. 中国冶金,2020,30(12): 87 - 91.

[18] 周克崧. 热喷涂技术替代电镀硬铬的研究进展[J]. 中国有色金属学报,2004(S1): 182 - 191.

[19] 李洋龙,王永强,文杰,等.平整机升速过程带钢与张力辊打滑分析[J].中国冶金,2020,30(1)：63-67.

[20] 朱军,谭兴海.WC金属陶瓷热喷涂层代替铬镀层在冷轧工艺辊上的应用[J].材料保护,2009,42(12)：54-56,83.

[21] 蒋振华,顾轶蓉,蔡恒.重卷机组张力辊辊面形貌加工研究[J].金属加工(热加工),2010(18)：53-54.

[22] 王志平,董祖珏,霍树斌,等.HVAF与HVOF喷涂涂层性能的研究[C]//中国机械工程学会焊接学会,中国机械工程学会.第十次全国焊接会议论文集(第1册),2001：4.

第7章

高速燃气喷涂应用及其案例

高速燃气喷涂(HVAF)技术是利用气态燃料(丙烷、丙烯等)和空气燃烧形成的高速焰流来加热、加速喷涂材料并撞击基体形成涂层的一种工艺方法。该技术具有焰流温度低($<1\,600℃$)、颗粒速度快($>600\,\mathrm{m/s}$)、涂层质量好、运行成本低等优点,在制备高性能 WC-Co-Cr 基金属陶瓷涂层,Ni 基、Fe 基、Cu 基、Al 基金属及其合金涂层方面优势明显。HVAF 系统具有热喷砂与内孔喷涂等辅助功能,喷涂 WC 颗粒速度大于 $1\,100\,\mathrm{m/s}$、涂层硬度为 $1\,400\sim1\,500\,\mathrm{HV_{300}}$、涂层结合强度大于 80 MPa、粉末沉积效率为 $50\%\sim55\%$,在机械产品表面热喷涂强化、防护、修复和成形等领域应用前景广阔。图 7-1 所示为不同

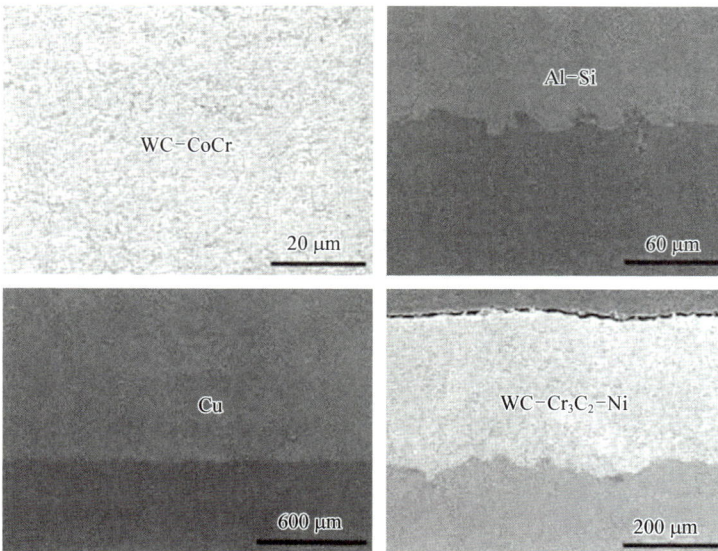

图 7-1 不同 HVAF 涂层截面显微形貌

HVAF 涂层截面的显微形貌。

  HVAF 技术具有生产效率高和生产成本低的优势,电厂水冷壁锅炉、炼油厂容器、石油石化类(包括核电)等均有需求,包括壳牌公司的催化剂输送管、输送线组件(弯头、交叉管、直管、转接头等)、泵壳、气塞,石油工业的上游工业,如钻探和钻井等(见图 7-2,图 7-3,图 7-4,表 7-1)。而采用 HVAF 技术喷涂螺杆泵和螺杆钻具的涂层粗糙度更低,大大减少了抛光研磨时间。对于内孔喷涂,HVOF 允许的最小内径为 125 mm,但激光熔覆价格昂贵且需内孔磨床,长度也受限制,而 HVAF 效果更好。

图 7-2 HVAF 技术喷涂石油螺杆钻具

图 7-3 HVAF 技术喷涂催化剂塔滑动门

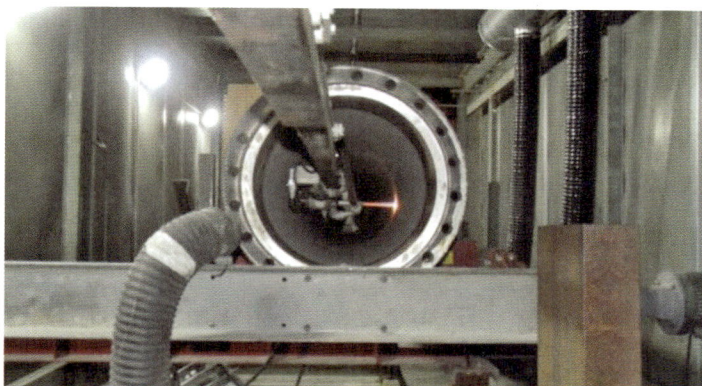

图 7 - 4　HVAF 技术喷涂炼油厂热交换容器罐

表 7 - 1　炼油厂不同部件的 HVAF 涂层材料及其他热喷涂解决方案

序号	组件	部件名称	涂层材料	其他热喷涂解决方案
1	井下泵	泵体	3.50 超级不锈钢	火焰喷涂蒙乃尔合金；喷涂、重熔 NiCrBSi 合金再研磨
2	潜油电泵	螺杆钻具	3.50 超级不锈钢	等离子喷涂 NiCrBSi - Al$_2$O$_3$；等离子喷涂 Al$_2$O$_3$ - TiO$_2$
		泵体	3.50 超级不锈钢	
		推力轴承	3.50 超级不锈钢和 6AB	
		密封环	WC - Co - Cr 或 WC - 12Co	
3	螺杆泵	螺杆马达	Cr$_3$C$_2$ - NiCr	采用 WC - 10Co - 4Cr 进行铬替代
4	柱塞泵	柱塞	Cr$_3$C$_2$ - NiCr	采用 WC - 10Co - 4Cr 进行铬替代
		衬套	喷涂、重熔 NiCrBSi	WC - 10Co - 4Cr
5	板阀	板阀	WC - 10Co - 4Cr 或 WC - 12Co	—
6	球阀	球阀、阀座	WC - 10Co - 4Cr 或 Cr$_3$C$_2$ - NiCr	高温下使用
7	压缩机	杆	Cr$_3$C$_2$ - NiCr	采用 WC - 10Co - 4Cr 进行铬替代

续　表

序号	组件	部件名称	涂层材料	其他热喷涂解决方案
8	石油离心泵	叶轮	WC‑Co‑Cr 或 WC‑10Ni	—
		轮毂	WC‑Co‑Cr、WC‑10Ni或钨铬钴合金	渗硼
		套筒	WC‑Co‑Cr 或 WC‑10Ni	火焰喷涂陶瓷棒 Cr_2O_3、重熔 NiCrBSi；等离子喷涂 $Al_2O_3‑TiO_2$
		轴	WC‑Co‑Cr 或 WC‑10Ni	Rokide 法喷涂陶瓷棒 Cr_2O_3；等离子喷涂 $Al_2O_3‑TiO_2$
		泵体	哈氏合金 C276 或钨铬钴合金	Rokide 法喷涂陶瓷棒 Cr_2O_3；等离子喷涂 $Al_2O_3‑TiO_2$

7.1　高速燃气喷涂技术在石油行业的应用

石油行业是一个高风险、高投入的行业，其生产设备长期处于高温、高压、腐蚀和磨损等恶劣工况下。这些设备部件的失效不仅会影响生产效率，还会增加维护成本，甚至引发安全事故。因此，提高设备部件的耐用性和可靠性成为石油行业的重要课题。HVAF 技术具有喷涂效率高、涂层性能优异、环保性好等优点，在石油行业应用非常广泛，涉及提高设备耐用性、减少维护成本、增强防腐耐磨性能等多个方面。

7.1.1　应用概述

HVAF 技术在石油行业的应用主要为阀门及配件的涂层制备、管道内壁的防腐涂层、钻井设备的修复与再制造、储罐及容器的防腐涂层 4 个方面。

1) 阀门及配件的涂层制备

在石油钻采系统中，高压阀门及其配件需要承受高压、高温、腐蚀和磨损等多种恶劣工况。高速燃气喷涂技术可以制备具有高硬度、高耐磨性、高耐腐蚀性的涂层，显著提高阀门及配件的使用寿命。例如，使用高速燃气喷涂技术喷涂碳化钨等硬质合金粉末,可以在阀门密封面、阀座等部位形成一层坚固的耐磨涂层,有效抵抗磨损和腐蚀。

2）管道内壁的防腐涂层

石油输送管道长期处于潮湿、腐蚀的环境中,容易发生内壁腐蚀。高速燃气喷涂技术可以制备具有优异抗腐蚀性能的涂层,保护管道内壁不受损害。这些涂层通常采用金属陶瓷、合金粉末等材料,具有优异的耐腐蚀性和良好的附着力。通过 HVAF 技术在管道内壁喷涂防腐涂层,可以显著延长管道的使用寿命,减少因腐蚀导致的泄漏和维修成本。

3）钻井设备的修复与再制造

钻井设备在长期使用过程中会受到磨损、冲击等损伤,导致性能下降甚至报废。高速燃气喷涂技术可以作为钻井设备修复与再制造的重要手段之一。通过喷涂相应的修复材料,可以恢复设备部件的尺寸精度和表面性能,延长设备使用寿命。例如,使用高速燃气喷涂技术喷涂耐磨合金粉末可以修复钻井钻头的磨损部位,提高其钻进效率和使用寿命。

4）储罐及容器的防腐涂层

石油储罐及容器是储存原油、成品油等的重要设备。这些设备长期处于与石油产品接触的环境中,容易发生腐蚀。高速燃气喷涂技术可以制备具有优异抗腐蚀性能的涂层,保护储罐及容器内壁不受损害。通过高速燃气喷涂技术在储罐及容器内壁喷涂防腐涂层,可以延长其使用寿命,减少因腐蚀导致的泄漏和维修成本。

7.1.2　具体研究应用

在石油钻采系统使用的高压阀门中,需要大量耐磨、耐腐蚀、抗咬合的硬面闸板和阀座。过去,行业内采用氧乙炔焰喷焊或真空熔覆镍基自熔合金来制作这两个核心部件的硬面涂层,由于劳动强度大、工艺稳定性差、涂层孔隙率和氧化夹杂物含量高、硬度和结合强度低,以及经过高温熔焊、基体退火后难以满足高压(104～150 MPa)工况下的强度要求等原因,该工艺已逐渐淡出阀门制造行业。国际上已普遍采用超声速火焰喷涂工艺喷涂 Cr_3C_2 - CrNi、WC - Co - Cr 等金属陶瓷粉末来制备高硬度硬面涂层。

近年来,为适应市场竞争的需要,不少公司引进了最新的 HVAF 系统以实现工艺更新、提高生产效率、提升质量等。通过对喷涂用粉的攻关,新工艺成功地应用于石油阀门、阀板的批量生产。

1）螺杆钻具

我国是世界上最大的螺杆钻具供应商，国内某企业每天生产 60～70 根电镀螺杆钻具，产能约占我国 55％，占世界 30％。我国从 2011 年开始大批量生产 WC-Co 涂层的螺杆钻具，其基本情况如下：采用进口 HVOF 设备喷涂 6 m 长的螺杆钻具，耗时 6～8 h；所用粉末粒度为 15～45 μm 的 WC-Co；涂层厚度为 0.25 mm，制备态粗糙度 Ra 为 2.8～3.0 μm；使用自制抛光设备每根抛光时间约为 3 h；抛光后，涂层厚度为 0.2 mm，粗糙度 Ra 为 1.6 μm。整体来说工艺复杂、成本高且费时。该企业希望能寻求一两种材料替代 WC，并开始研究铬替代的可能性，目标为在 150～200℃ 下使用至少 300 h；电镀产品硬度为 800～900 HV_{300}。通过技术比较发现，HVOF 的喷涂速度仅为 4 kg/h，而 HVAF 的喷涂速度可达 20～30 kg/h，且 HVAF 成本比 HVOF 低很多。

（1）HVAF 制备 Dyna 钻具的泥浆泵表层涂层。

HVOF 的喷涂时间：Dyna 钻具的泥浆泵长为 9 m，直径为 150 mm，采用 HVOF 15～45 μm 粒度的粉末制备涂层，粗糙度 Ra 为 3.75～4.2 μm，表面抛光后 Ra 为 0.30 μm，要使其粗糙度达到 2.8～3.0 μm，需要使用 5～25 μm 粒度的喷涂粉末。假设长为 6 m，直径为 150 mm，涂层厚度为 0.25 mm，涂层体积为 π×15 cm×600 cm×0.025 cm＝706.5 cm^3，因为泥浆泵表面有楞带，其实际表面积比圆柱体要大些，所以表面积系数约为 1.4～1.7，直接将表面积乘以 1.4，则这根泥浆泵的表面积约为 989.1 cm^3。WC-12Co（密度 14.3 g/cm^3）涂层质量为 989.1 cm^3×14.3 g/cm^3＝14 144.13 g＝14.144 kg，按 40％ 沉积效率计算，则有 14.144 kg/40％＝35.36 kg，喷涂速度为 4 kg/h，理论喷涂时间为 35.36 kg/4 kg/h＝8.84 h。如果喷涂 WC-20CrC-7Ni（密度 11.84 g/cm^3），则涂层质量为 989.1 cm^3×11.84 g/cm^3＝11.711 kg，按 40％沉积效率计算，则有 11.711 kg/40％＝29.277 5 kg，喷涂时间为 29.277 5 kg/4 kg/h＝7.32 h。如果喷涂 WC-10Co-4Cr（密度 13.92 g/cm^3），则涂层质量为 989.1 cm^3×13.92 g/cm^3＝13.769 kg，按 40％沉积效率计算，则有 13.769 kg/40％＝34.422 5 kg，喷涂时间为 34.42 kg/4 kg/h＝8.61 h。按横移速度法计算 HVOF 的喷涂时间，HVOF 喷泥浆泵时步进为 6.5 mm，转速为 150 rpm，横移速度为 150 rpm/60 s×6.5 mm/r＝16.25 mm/s，喷涂 6 m 长泥浆泵需要时间为 6 000 mm/16.25 mm/s＝369.2 s＝6.15 min，泥浆泵需要喷涂 3 遍才

能将其顶部、底部和中间完全覆盖,总喷涂时间为 6.15 min×3＝18.45 min。涂层单遍沉积厚度约为 14 μm,要达到 0.25 mm,则需要喷涂遍数为 250 μm/14 μm＝17.86,即 18 遍,总喷涂时间为 18.45 min×18＝332.1 min＝5.54 h,考虑到实际工艺要求,两个计算方法的喷涂时间相当。

实际上 HVOF 螺杆钻具的螺杆长为 5～6 m,也有 8 m 的,最长为 11 m。涂层厚度通常为 0.28～0.3 mm,抛光 8～9 h 后 Ra 为 0.8～1 μm,厚度为 0.25 mm。HVOF 转床最高转速可达 300 rpm,由于转速过快会使定位中心磨损,继而影响后续的抛光,所以当喷涂作业时使用的转速只有 40～100 rpm。喷涂采用三位喷涂法,有时也会根据产品形状采用五位喷涂法,喷枪横移速度为 400～450 mm/min,每一遍 13～15 min,螺杆品种分为上、中、下(3、5、7)棱带,两边端头的防掉端是涂层的最薄弱点。

HVAF 的喷涂时间:采用 AK06 系列喷涂设备和 33 号注粉器,Dyna 钻具对应的喷涂送粉速度为 12～22 kg/h,喷涂 12 遍(顶部 4 遍,底部 4 遍,中间 4 遍)就可以在泥浆泵上制备 0.2～0.22 mm 厚的涂层,实际在喷涂第 4 遍时涂层厚度已较厚,需要降低喷涂速度以控制涂层厚度。HVAF 喷枪每圈横移速度约 6 mm/s,则对应转速 150 rpm 条件下的横移速度为 150 rpm/60 s×6 mm/s＝15 mm/s,6 m 长泥浆泵的每遍喷涂时长为 6 000 mm/15 mm/s＝400 s,喷涂 9 遍总时长为 400 s×9＝3 600 s＝1 h。由此可见,与 HVOF 设备的 8.84 h、7.32 h 和 8.61 h 相比,HVAF 设备快 7 倍多,究其原因主要是 HVAF 设备具有非常宽的喷涂速度调控范围,单遍涂层沉积厚度可达 40～70 μm。

沉积效率:要达到常规 HVOF 涂层硬度的 1 250 HV_{300},可采用 HVAF AK06 喷枪配 3L 喷嘴,其在泥浆泵上沉积效率可达 50%～53%,在圆柱体柱塞上可达 56%～58%,涂层延展性更好。采用丙烷涂层硬度可达 1 450＋HV_{300},丙烯涂层硬度可达 1 600＋ HV_{300}。而采用 AK06 喷枪配 5E 喷嘴在泥浆泵上的沉积效率可达 29%～32%;采用 10～30 μm 粒度的粉末(硬度 1 420 HV_{300})来替代 5～30 μm 粒度的粉末,沉积效率可达 40%,在圆柱体上达 46%。此外,采用 AK06 喷枪对泥浆泵进行喷涂,可以不用喷砂,涂层性能仍完全符合要求。

涂层表面粗糙度:也可以使用 HVAF 在 2 m 长的泥浆泵表面制备特制超细粉 WC-10Co-4Cr 涂层,该涂层沉积效率为 20%～25%,喷涂速度为 4 kg/h,相当于对涂层进行一次"抛光"程序,表面粗糙度 Ra 可达 1.2～

1.4 μm。使用该技术制备的涂层不需研磨粗糙度 Ra 就可以低于 2.0 μm，而且涂层厚度只需喷涂 0.2 mm，节约了大量的粉末与时间。

（2）HVAF 制备薄 WC 替代铬涂层。

采用 15～45 μm 粒度的 WC-12Co 粉末，通过 HVOF 制备 60 μm 厚的 WC 涂层，在真实环境中使用 9 h 后涂层发生腐蚀失效。之后又进行了一系列的试验，最后在涂层厚度为 0.25 mm 的产品上获得成功，涂层表面粗糙度 Ra 为 3.5～3.8 μm，也能控制 Ra 在 3.0 μm 以下，成品要求 Ra 为 0.8 μm，所以即使表面粗糙度 Ra 达到 1.6 μm，依然需要抛光后处理。

我国现在对电镀铬控制非常严格，在很多地方电镀铬应用已经受到限制，在螺杆上实现铬替代成为喷涂行业的主要研发方向。WC 涂层的喷涂时间为 8 h，抛光时间为 3 h，人们担心只是单纯 WC 涂层减薄的质量未必过关，且成本依然不低，所以希望能开发一种性价比更好的涂层。新材料的研发和应用是一个漫长的过程，所以人们更多地寻求低成本、高性能的制备方法，HVAF 制备 WC 薄涂层，涂层质量好且成本极具竞争力，是非常实用的方法。经过大量试验发现随着喷涂速度的增加，大量的喷涂颗粒从气体中汲取能量，这会影响涂层的质量。从低喷涂速度开始逐渐增加，初时这种影响可忽略不计，当到了某个临界点时，影响变得十分显著，所以需要找出这个"临界喷涂速度"。一边线性增加喷涂速度，一边测量粉末的沉积效率，其最小的沉积效率发生在喷涂速度为 5 kg/h 时，7～30 kg/h 的喷涂速度对涂层的沉积效率几乎没有影响。对于 AK07 系列喷枪，采用 Thermach 公司的大容量送粉器（送粉速度最高为 33 kg/h），其沉积效率也没什么变化，所以相关试验的送粉速度大于 30 kg/h。对于 AK06 系列喷枪来说，当燃烧室压力大于 70 psi、喷涂速度为 30 kg/h 时，沉积效率无变化；当燃烧室压力为 60 psi 时，沉积效率有较小的降低，所以一般最高采用 30 kg/h 的喷涂速度。对于 AK05 系列喷枪，喷涂速度在 16～18 kg/h 时，沉积效率会下降，所以试验喷涂速度一般采用 15 kg/h。

不同材料的喷涂临界速度也会不同。喷涂速度的快慢影响颗粒的加热，也影响沉积效率及涂层性能。分别使用 HVAF AK06 喷枪和 HVOF 喷枪制备 WC-10Co-4Cr 涂层，测定其硬度和断裂韧性，其中 HVAF 采用不同横移速度（450 mm/s、900 mm/s）和不同喷涂速度（12 kg/h、17 kg/h 和 26 kg/h），发现在横移速度 900 mm/s 下，涂层的硬度和断裂强度基本不受喷涂速度的影响。此外，喷涂速度和横移速度越快，单遍涂层越薄且越致密。如果从火焰喷涂或等离子喷涂角度来考虑标准喷涂速度,HVAF 的喷涂速度还不算高;从质量功率比来看,HVAF 表现与火焰喷涂相当,比等离子喷涂表现稍好。火焰喷涂与等离子喷涂是在焰流中加热(1 atm①),而 HVAF 是在燃烧室内加热(6 atm),因此 HVAF 的加热效率应该更高。其中 AK06 喷涂速度在 20~26 kg/h 时,每遍喷涂厚度为 50~60 μm,涂层结合强度极高,无须再用喷砂处理。

电镀的厚度范围相差较大,甚至可能为 50~380 μm,成本很低,例如在直径 79 mm、长 2 900 mm 的小螺杆表面电镀铬的成本约为 800 元,在美国只有 5% 的泥浆泵喷涂 WC 以应对非常恶劣的环境,其他 95% 均是电镀铬,不需要研磨,只是简单抛光,而传统 HVOF 的成本偏高。

HVAF 常用的 WC 喷涂材料主要有 WC‑20CrC‑7Ni 或 WC‑10Co‑4Cr,后者是前者的替代品,两者耐磨蚀能力较强。粉末粒度在 15~45 μm(平均粒度 32 μm)时,喷涂 2~3 遍就可以得到 60 μm 厚的涂层。HVAF 涂层的耐磨能力与 HVOF 现有的 WC 涂层相近,但在同等厚度下喷涂成本却低 20% 以上。WC‑10Co‑4Cr 的耐磨能力是电镀铬的 20 倍以上,Cr_3C_2‑25NiCr 的耐磨能力则是电镀铬的 4.92 倍。

低沉积效率是获得低粗糙度的必要代价。当采用 HVAF 技术喷涂 Kermetico 的超细 WC‑Co‑Cr 粉末时,第一遍沉积效率约为 30%,之后约为 20%,只需一遍就可以制备 15~25 μm 厚的低粗糙度薄涂层。由于 HVAF WC 涂层的耐磨能力是镀硬铬的 30 倍以上,380 μm 厚的镀硬铬可以用 380 μm/30=12.7 μm 厚的 WC 涂层替代,一遍喷涂达到 12.7 μm 厚的 WC 涂层就足以达到电镀铬的耐磨能力。而针对腐蚀环境下的应用则最好通过 3 个循环喷涂的方式完成设计厚度目标,以保证更好的防腐效果。HVAF 制备的 Kermetico 低粗糙度涂层可达 Ra 1.8~2.0 μm,无须进行研磨,只需对其表面进行一次轻微抛光。HVAF 制备 70 μm 厚的 WC‑10Co‑4Cr 铬替代涂层,寿命可以达到 600 h,成本也极具竞争力。综合来看,HVAF 技术是实现螺杆钻具铬替代较为理想的工艺。

(3) HVAF 制备 CrC 涂层。

HVAF 制备 Cr_3C_2‑25NiCr 涂层的硬度约为 850 HV_{300},AK06 喷枪喷涂德国 Starck 粉末(Amperit 558.059)和某国产粉末,其涂层硬度可达 1 050 HV_{300},

---

① 　1 atm(标准大气压)=101 325 Pa。

完全满足涂层在螺杆钻具上的涂层硬度需求，涂层均在 40 μm 时达到气密，足以胜任常规耐腐蚀需要，可在应用环境不是很严苛的条件下使用。喷涂 75～90 μm 厚的制备态涂层，再将其抛光到 50 μm 厚，其耐磨能力是同厚度电镀铬的 20 倍，50 μm 厚的 CrC 涂层的耐磨能力将是 400 μm 厚的电镀铬的 2 倍以上。该涂层的成本在我国比 WC 低 1.35 倍，其致密度为 7.8 g/cm³，与 WC 的 14 g/cm³ 相比，其成本又要低 14：7.8＝1.79 倍，所以 CrC 的成本将比 WC 涂层要低 1.35×1.79＝2.4 倍，100 μm 厚的 CrC 涂层成本比 250 μm 厚的涂层又相差 2.5 倍，所以综合下来，采用 CrC 薄涂层的成本将比厚 CrC 涂层要省 2.4×2.5＝6 倍，在整个制备工艺中，涂层成本约占 25%，所以降低了 21.8% 的综合成本，25%：6＝4.2%（节约 25%－4.2%＝21.8%）。CrC 涂层的抛光速度比 WC 的快 2～3 倍，加上 HVAF 近似于 HVOF 的粗糙度，所以我们可以获得近 2×2＝4 倍的时间节约或成本节约，相对于 75% 的占比来说 75%：4＝18.75%。综上所述，HVAF 制备薄 CrC 涂层将节约 4.2%＋18.75%＝22.95% 的成本，即实现了将近 4～5 倍的成本节约。

事实上，在涂层制备时，CrC 的涂层比 WC 更容易制备，在实施过程中，碳化铬的难度系数更低。正是由于这些思路火花的碰撞，进行了大量研发与试验，2018 年底提出"闪钨涂层"，并在螺杆钻具的应用中实践，在许多以耐磨为主的应用中取得了巨大的成功。

2）球阀

HVAF 不仅可以高效率低成本地在球阀上喷涂 WC，还可以高质量地完成镍铬碳化铬、司太立合金以及超级不锈钢等材料的涂层制备，以满足不同工况的球阀涂层需求。中国大陆尤其在温州地区主要采用 WC 喷涂球阀，已经形成了极具规模的产业群。Heany 工业公司为美国东海岸客户（Conval）专门开发 Cr₃C₂ - 25NiCr 涂层，并采用 AK07 喷枪在球阀和阀座上喷涂，每年约 300 套。壳牌炼油厂使用的 Bay 阀门，阀杆上喷涂钨铬钴合金涂层，如图 7－5 所示，涂层寿命长达一年多，是司太立喷焊涂层产

图 7－5 阀杆上喷涂钨铬钴合金涂层

品寿命的 2 倍。

在瓦莱罗炼油厂阀门和阀座上喷涂的超级不锈钢（350SS）涂层，如图 7 - 6 所示，其使用寿命均超过 2 年，产品依然在服务中。

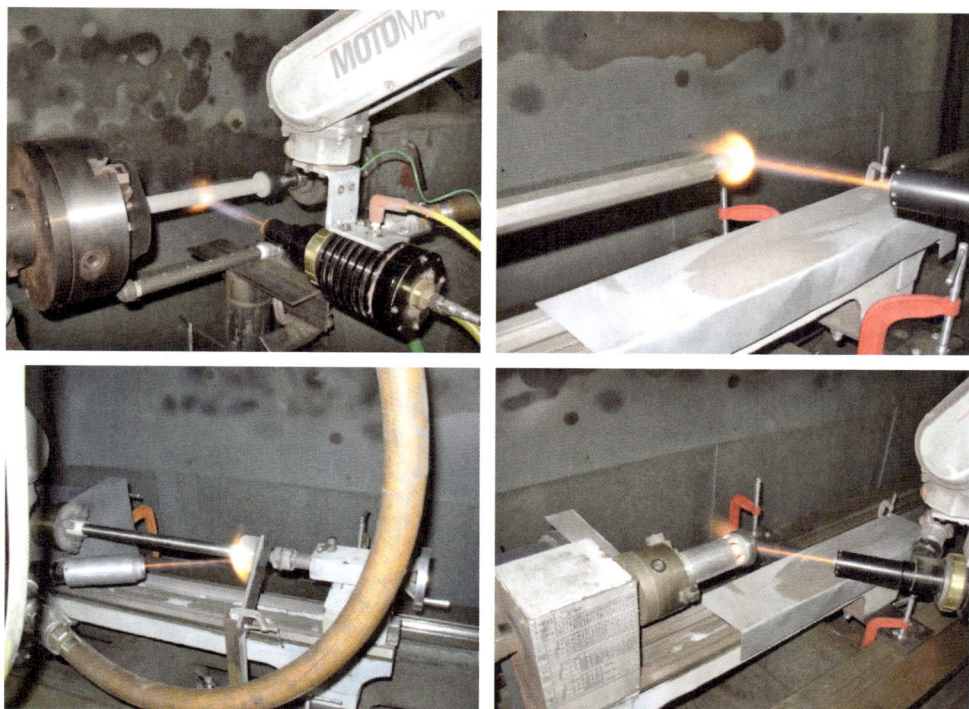

图 7 - 6　阀门喷涂超级不锈钢

为了对各种形状的产品进行成本预估，美国 Kermetico 公司及东方润鹏科技（北京）集团有限公司内部都有一套精确的成本评估体系。按经验，WC 和 CrC 球阀的沉积效率都在 40% 左右，此外，涂层预留量及通孔部分的遮蔽和处理都决定细微的粉末用量差别。球阀喷涂行业，当喷涂直径 114 mm 球阀时，采用配置 3 号注粉器的 AK06 喷枪喷涂 5～30 μm 粒度的粉末更合适，选择粒度更小的 WC 粉末，涂层的硬度将相对高些，如果粉末粒度选择 10～30 μm，涂层的沉积效率会相对更高，但涂层的孔隙率相对大些（0.5%～0.8%），则气密性也相对差些。

AK06 喷枪在球阀上喷涂 CrC 涂层，性能完全没有问题，但应注意以下事项：① 5 μm 粒度以下的细粉，不能超过 1%；② 为防止送粉黏结，应采用送粉更窄的 3 号注粉器;③ 为防止喷嘴黏结,当喷涂 CrC 时,应用 5E 喷嘴,而不能用 5L 喷嘴。当采用 AK06 - 5E 喷嘴喷涂平面工作时,其沉积效率会超过40%,喷涂球体时效率相对较低。对于 CrC 粉末采用 AK07 喷枪喷涂非常稳定,但与 AK06 喷枪相比,它喷束宽,能量密度大,表面会形成很大的压力区,涂层表面容易形成"蛤蟆皮"形貌。

球阀喷涂的另一种常用材料是 316 不锈钢。国内采用国产 HVOF 设备在球阀上喷涂 316L 不锈钢涂层,如图 7 - 7 所示,其目前成品率只有 93%。而美国工厂采用 HVAF 制备 316SS 不锈钢粉制备的高致密度的涂层,沉积效率约为 70%,孔隙率小于 1%,结合强度大于 40 MPa,特别是使用 316SS 与氧化铝砂砾的混合物粉末性能更佳,成品率高达 99%。

图 7 - 7　球阀上喷涂 316L 不锈钢涂层

综合来看,HVAF 在阀门类涂层的要点及产品优势主要有以下几个方面。

(1) 使用机械手能保证涂层的一致性以及减少人为失误,降低生产成本。

(2) 喷束直径为 3 mm 的 Acukote 喷涂设备,喷涂窄面积工件优势明显,减少了浪费,降低了成本。

(3) 常规 HVAF 设备喷嘴内径 15 mm,喷束直径 3 mm,所以喷涂细金属粉末可实现长时间喷涂而喷嘴不黏结。

(4) 涂层性能更高,其中碳钢上 316L 涂层的结合强度接近 50 MPa,孔隙率小于 1%,沉积效率约为 70%。

(5) 运营成本低,由于设备沉积效率高,使用压缩空气,配件寿命长且价格比较低,成本可下降 40% 以上。

（6）在铸铁表面制备 Ni1620 合金(Ni‑2B‑4Si)涂层(见图 7‑8),当厚度为 0.5 mm 时,结合力约为 6.5 kg/mm², 硬度为 39～42 HRC。

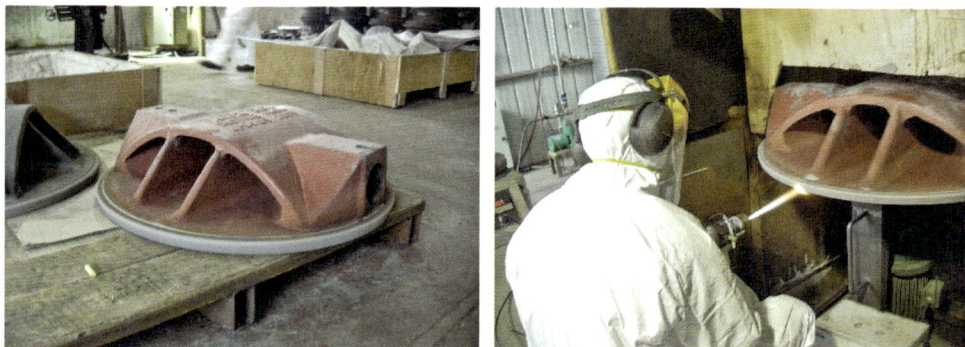

图 7‑8　铸铁表面制备 Ni1620 合金涂层

3) 板阀

2013 年我们采用 HVAF 制备了两块板阀样品,使用的是 10～38 μm 粒度的国产 WC‑10Co‑4Cr 粉末,由于粉末中细粉太多,喷涂时烟雾较大,送粉过程粉末流也不稳定。为了达到涂层的良好气密性,喷涂工艺参数设置相对较高: 空气压力为 93～95 psi; 丙烷压力为 82 psi; 氮气压力为 30 psi; 氢气压力为 30～35 psi; 燃烧室压力为 69 psi。由于丙烷瓶为 30 kg 小瓶装,压力不是很稳定,每次到最后的第 4 遍,压力都低于 80 psi,燃烧室压力为 66～67 psi。喷涂时由于天气原因,空压机出来的空气含水量较多。喷涂后涂层外观不错,但在气密性检测发现涂层上有许多小孔,涂层的致密度不高。

分析原因,进行以下几个方面优化: 气密涂层通常应该选择 5～30 μm 粒度粉末,10～38 μm 的粒度范围对需要制备可以满足有涂层探伤要求的超致密涂层而言,太粗了; 根据以往经验,30 kg 气瓶压力足够,应该是汽化器或丙烷的供气系统出了问题; 丙烷中的丁烷过多,会导致气缸内压力快速下降,如果是这个原因,需要增加气瓶总数量; 空气中的水分并不危险,空气中有很多水时导热性更好,燃烧会更好; 还需要初始密度(它取决于喷雾干燥过程和烧结参数)等其他一些可能影响致密性的指标。总体看来,保证空压机的绝对气量与干燥程度,也是稳定喷涂过程中必须注意的问题,采用节能管道或不锈钢管道,选择足够容量与功率的空压机,以确保生产过程不会受到非重要因素的影响。

4) 闸阀

国内某生产企业采用 HVOF 设备在闸阀表面喷涂 WC - 10Co - 4Cr 涂层,研磨后的厚度为 0.12~0.13 mm,在环境温度 100~150℃,含 H_2S、CO_2、砂岩的液体中进行高压检测时,涂层可以承受 15 000 psi 压力,当达到设计压力 20 000 psi 时,会产生泄漏。

原因分析如下。

(1) 在实际使用时是否使用封孔剂及封孔剂类型。

(2) 如果不是持续出现高压泄漏,则说明涂层质量稳定性有问题,可能是喷枪,也可能是粉末的问题。

(3) 如果粉末稳定性没有问题,那就是喷枪性能稳定性有问题,在这种情况下,采用 HVAF 喷枪就是一个好的选择。

在实际操作过程中使用封孔剂,但仍有泄漏,只能通过提高质量稳定性来解决问题。而使用的国产粉末(粒度 15~45 μm)和进口粉末也没有达到理想目标,无法解决超过 20 000 psi 的耐压问题。以往有制备过致密度低于 0.3% 的涂层,但如果不加封孔剂则很难达到高压气密的要求,所以国外所有闸阀都是 WC 涂层加封孔剂。若想从本质上解决闸阀耐 20 000 psi 高压检测,只能通过选择正确的设备、粉末、工艺和封孔剂,HVAF 则是最有效的制备设备。

5) 光杆

石油行业一直是国内外涂层应用的热门领域。采用 HVAF 在长为 10 m、直径为 25~38 mm 的光杆上喷涂 20CrMo/30CrMo_2 涂层,喷涂后需研磨,涂层厚度大于 0.25 mm,硬度大于 590 HV_{300},可在室温的石油、水、H_2S 等工况条件下工作。在长 5~6 m、直径 30~90 mm 的中碳钢泵杆上喷涂 Ni 基涂层,涂层厚度大于 0.25 mm,硬度大于 60 HRC,在 200℃ 以下,石油、水、H_2S 等工况条件下工作。实际上,雪佛龙、壳牌、特索罗、康菲石油、瓦莱罗能源等公司的柱塞、杆、叶轮、搅拌器等类似应用,其中直径 25~38 mm、长度 2~5 m 的轴类常采用 WC 涂层,也有一些是硬面金属材料。

为了节约成本,人们开始寻找替代 Ni 基体料,有以下几种可行的解决方案。

（1）采用超级不锈钢（Fe-28Cr-10Ni-4Mo-1.8C），涂层硬度为 580～650 HV$_{300}$，这种涂层在环烷酸性和 H$_2$S 工况环境下使用良好，并有可接受的耐磨表现。为防止涂层与基体间产生电偶腐蚀，可以选用 6AB(Fe-14Cr-5Ni-3B)作为黏结层，这类应用的大用户在俄罗斯，用于石油钻杆，他们每年约会喷涂 5 t 的 6AB(10 美元/磅[①])和 10 t 的 3.50 超级不锈钢(13 美元/磅)。

（2）可以选用 SHS717(28～33 美元/磅)或 SH754 合金，这两种材料的特点是耐腐蚀能力更强，制备态硬度可达 62～66 HRC，不需要再熔融。

这两种应用均可以采用热喷涂/热喷砂技术，即将金属粉末与氧化铝根据一定的比例混合，制备出更加致密和更结实的涂层，而且涂层应力很小，该技术非常稳定，可重复性极高，不会出现堵嘴现象。将喷涂材料从 Ni 基合金换到不锈钢粉，最大的优点是可以降低成本。同时，采用 HVAF 技术进行喷涂，从而带来更大的成本节约。

以前采用的工艺：钻杆送入喷砂房进行喷砂；喷涂间进行喷涂加工；涂层重熔；对重熔后对钻杆进行校直（重熔时，钻杆将出现弯曲）；将钻杆送到磨床进行研磨。

现采用 HVAF 工艺：钻杆采用 HVAF 工艺分别进行喷砂和喷涂；将钻杆送到磨床进行研磨。HVAF 工艺除了节省了喷砂和喷涂之间辗转的时间之外，HVAF 喷砂本身的效率也比传统喷砂要快 10 倍以上，而且只消耗传统喷砂量的 1/20，喷涂效率也提高 3 倍以上。

还有一种产品与俄罗斯用户的光杆极为相似，产品名：潜油电泵或井下泵。它也有所不同，硬度小于 55 HRC，需要在氯离子和硫环境下使用，粗糙度要求不高。涂层厚度通常有 150 μm 和 300 μm 两种，需要通过 CP2000 封孔，其黏结层通常采用高致密的 60 HRC-6AB 合金(75 μm)，但它的耐腐蚀能力略显不足。面层-喷涂 3.50 超级不锈钢(Fe-15Ni-4.5Mo-1.8C)，硬度可达 53～55 HRC，以应对防腐需求。3.50 不锈钢是较早开发的涂层材料，但是碳钢基体和奥氏体不锈钢涂层材料比较容易产生电偶腐蚀，所以需要在两者之间喷涂一层 6AB 材料，以避免这种情况产生。如果不需要很强的耐腐蚀能力，则可以只喷涂一层 6AB，它的硬度完全符合指标要求，它可以通过研

---

① 磅(lb)，1 lb=0.453 592 37 kg。

磨达到任何需要的粗糙度。此外 3.50 超级不锈钢的硬度略低,但它的耐腐蚀能力却非常出色,在俄罗斯主要用在高盐高硫环境中。市场上还有其他铁基合金粉末可供选择,它的硬度为 55～60 HRC,有比较高的铬含量,可以满足规格的需求,俄罗斯用户通过封孔剂,再在其表面刷漆的方式来避免研磨,以降低成本。此外,如果可以仅采用 6AB 涂层与封孔剂配合的解决方案,与喷涂 Ni60 之后再重熔、研磨,将进一步降低涂层成本,生产效率也将再次提升。

6) 液压柱塞

以往采用电镀铬技术在直径为 60～300 mm、长度为 500～5 500 mm 的液压柱塞(基体为 35 号、45 号钢和 27SiMn 钢)表面进行处理,在港口和煤矿环境中使用,达到耐大气腐蚀、海洋环境腐蚀的目的。

我们试验探索了 HVAF 制备 WC 涂层、大气等离子喷涂(APS)氧化铝钛涂层时是否可以胜任上述工作环境,图 7-9 所示为采用 HVAF 在液压柱塞表面喷涂 WC 涂层。

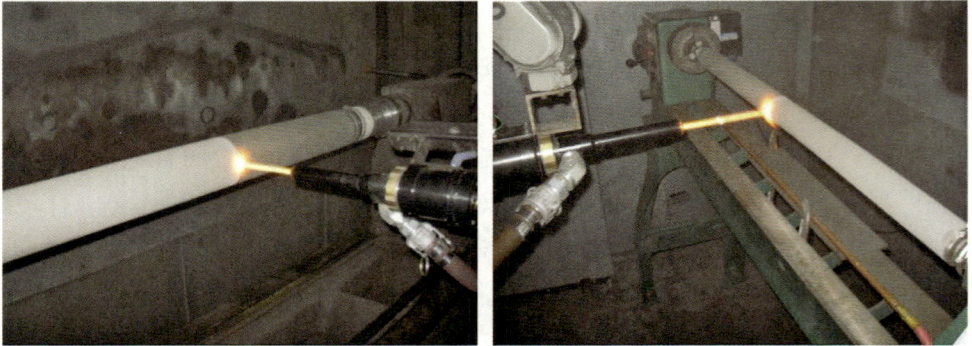

图 7-9 采用 HVAF 在液压柱塞表面喷涂 WC 涂层

Chevron 公司正在进行的海港工作的起重机项目,其中将石油从油轮泵到炼油厂的管道,由于 NaCl 的作用,表面铬涂层会点蚀。以往有用等离子喷涂 Al_2O_3 - TiO_2 修复,但涂层致密度不够,会产生腐蚀,不能满足使用要求。该公司采用 HVAF WC - Co - Cr 的方案。先将旧柱塞上的电镀铬涂层去除,将点蚀部分用点焊补上,然后再喷涂 WC - Co - Cr,最后再研磨、抛光、精抛到 Ra 0.15～0.2 μm(见图 7-10),整体效果特别好,该公司随后将新柱塞及旧品修复件工艺全部换成了 HVAF WC‐Co‐Cr 涂层。

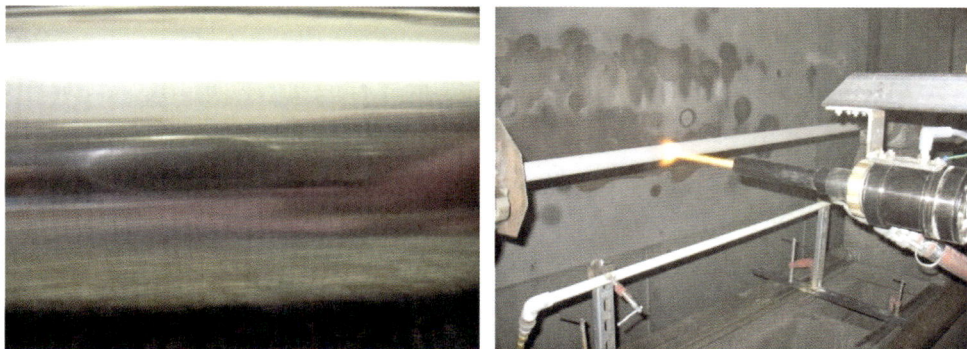

图 7‐10　旧柱塞表面处理与修复

7.1.3　应用展望

HVAF 技术在石油行业中的应用前景广阔。随着石油行业对设备耐用性、可靠性和环保性要求的不断提高,HVAF 技术有望得到更广泛的应用。同时,针对 HVAF 技术面临的挑战和问题,需要不断加强技术研发和工艺优化工作以提高其应用效果和经济效益。

7.2　高速燃气喷涂技术在航空航天领域的应用

在航空航天领域,材料的选择与应用直接关系到飞行器的性能、安全性及使用寿命。随着科技的进步,对材料性能的要求日益提高,尤其是那些需要在极端环境下工作的部件,如高温、高压、高速气流冲击等。高速燃气喷涂高速燃气喷涂技术作为一种先进的热喷涂工艺,凭借其高效、环保、广泛适用等优势,在航空航天领域得到了广泛应用。

7.2.1　应用概述

HVAF 技术可用于航空发动机部件、航天器热防护系统,以及其他航空航天部件如紧固件与连接件、导航与通信设备等。

1）航空发动机部件

航空发动机部件中的叶片、涡轮盘、密封件和轴承经常要用到 HVAF 技术。

航空发动机叶片和涡轮盘是承受高温、高压和高速气流冲击的关键部件。HVAF 技术可用于制备高温合金涂层，如用于黏结 YSZ（氧化钇稳定的氧化锆）的热障涂层和高温合金基体的黏结层。这些涂层能够显著降低叶片和涡轮盘的工作温度，提高耐高温、耐磨损和抗腐蚀性能，从而延长部件的使用寿命。

航空发动机中的密封件和轴承同样需要承受高温和高速摩擦的考验。HVAF 技术可制备耐磨、耐腐蚀的涂层，如碳化钨、钴铬合金等，以提高这些部件的可靠性和耐久性。这些涂层能够有效减少摩擦磨损和腐蚀侵蚀，降低维护成本，提高发动机的整体性能。

2）航天器热防护系统

航天器热防护系统中应用 HVAF 技术的部位为外表面热控涂层、隔热瓦与防热层。

（1）外表面热控涂层。航天器在太空飞行过程中需要面对极端的高低温环境。HVAF 技术可用于制备低吸收-低发射型热控涂层，通过调节涂层的吸收和发射性能，有效控制航天器外表面的温度波动，保护内部设备免受极端温度的影响。这种涂层在提高航天器热控制精度和可靠性方面发挥着重要作用。

（2）隔热瓦与防热层。当航天器进入大气层时，表面温度急剧升高，隔热瓦和防热层是保护航天器免受高温烧蚀的关键部件。HVAF 技术可用于制备高温耐烧蚀的陶瓷涂层或复合材料涂层，如东方汽轮机厂在重型燃机轮机动叶用镍基高温合金 IN738 基体材料上采用 HVAF 工艺制备 TBCs 的黏结层，此种方法所制备的涂层具有优异的耐高温性能和抗烧蚀能力，能够有效保护隔热瓦和防热层不受高温破坏，确保航天器安全返回地面。

3）其他航空航天部件

航空航天领域中的紧固件和连接件需要承受高强度和高温环境的考验。HVAF 技术可制备高强度、耐腐蚀的涂层，以提高这些部件的可靠性和耐久性。这些涂层能够增强紧固件和连接件的抗疲劳性能，减少因腐蚀和磨损导致的失效风险。

航空航天器上的导航和通信设备也需要得到良好的保护。HVAF 技术可用于制备电磁屏蔽涂层或抗辐射涂层,以提高这些设备的抗干扰能力和可靠性。这些涂层能够有效屏蔽外部电磁干扰和辐射影响,确保导航和通信设备的正常运行。

7.2.2　具体研究应用

HVAF 技术可喷涂 WC‑Co‑Cr 在起落架、耳轴/轴套表面等,其中 CuNiIn 抗磨损防卡涂层在钛叶片鸠尾连接的应用是最为先进的技术。目前该类涂层的应用都是通过等离子喷涂实现,喷涂 75 μm 厚的涂层,再加上固体润滑剂(MoS_2)。

我们做了很多试验工作,包括喷涂样品,在实物上进行喷涂,喷涂了 6 只此类叶片,模拟真实起飞工况。等离子的工艺试验周期达到 3 000 h,之后涂层完全消失,我们的测试涂层达到了 10 000 h 试验周期,依然还在叶片上正常服役。图 7‑11 是试验制备的钛叶片电镜照片。

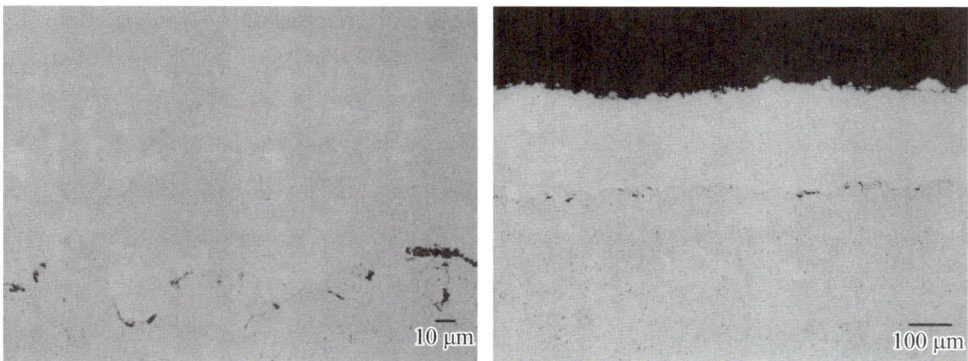

图 7‑11　试验制备的钛叶片电镜照片

在航空领域第二个比较成功的应用是耳轴/轴套,如图 7‑12 所示。我们是通过波音研发中心为波音集团进行的该项研发,工作目标是替代现有采用爆炸喷涂技术完成的 WC‑12Co 涂层,希望实现更好的涂层性能和更低的生产成本,这些是相对小一些的工件,具有 8 mm 的外径和内径。HVAF 技术的优势是相对更细的束流直径,我们获得了更好的涂层质量以及更高的沉积效率,即获得了巨大的成本节约。我们曾经喷涂过上百件这类产品,耐磨试验是一年之后在印度 GE 公司进行的，HVAF 涂层的耐磨能力要优于 HVOF 涂层的 4 倍，而成本节约的表现则更为显著。

图 7 - 12　航空耳轴/轴套

7.2.3　应用展望

随着航空航天技术的不断发展，对材料性能的要求越来越高。HVAF 技术凭借其高效、环保、广泛适用等优势，在航空航天领域的应用前景广阔。未来，随着新材料的不断涌现和涂层制备技术的不断创新，HVAF 技术有望在更多航空航天部件上得到应用。

1）新型高温合金和陶瓷材料的喷涂

随着材料科学的进步，新型高温合金和陶瓷材料不断涌现。HVAF 技术可用于这些新型材料的喷涂加工，制备出性能更加优异的涂层产品，满足航空航天领域对高温、高压、高速等极端环境下工作的部件的需求。

2）智能化涂层制备技术

随着智能制造技术的发展，智能化涂层制备技术将成为未来涂层制备领域的重要发展方向。HVAF 技术可以与智能化控制系统相结合，实现涂层制备过程的自动化、智能化控制，提高涂层的制备效率和产品质量稳定性。

3）环保型涂层制备技术

随着环保意识的提高，环保型涂层制备技术将成为未来涂层制备领域的重要趋势。HVAF 技术作为一种环保型热喷涂工艺，可以在制备过程中减少有害气体的排放和废弃物的产生，符合可持续发展的要求。

综上所述，HVAF 制备涂层技术在航空航天领域具有广泛的应用价值和发展前景。通过不断优化工艺参数、开发新型喷涂材料和涂层设计方案以及引入智能化和环保型涂层制备技术,可以进一步提高涂层的性能和使用寿命,满足航空航天领域对高性能材料的需求,推动航空航天事业的持续发展。

7.3　高速燃气喷涂技术在钢铁行业的应用

钢铁行业作为重工业的代表,其生产设备长期处于高温、高载荷、腐蚀和磨损等恶劣工况下,导致设备部件频繁失效,影响生产效率并增加维护成本。为了提高设备部件的耐用性,传统方法常采用电镀硬铬等。然而,电镀硬铬过程中产生的污染严重,且涂层本身存在缺陷,如硬度随温度升高而降低、易产生裂纹等。因此,寻找环保、高效的替代技术成为钢铁行业的重要课题。HVAF 技术具有更高的喷涂效率和更好的涂层性能,特别适用于制备耐高温、抗腐蚀、耐磨损等高性能涂层,在钢铁行业中的应用涉及提高设备耐用性、减少维护成本、改善生产环境等多个方面。

7.3.1　应用概述

HVAF 技术在钢铁行业中的应用主要体现在耐磨强化和修复方面。该技术能够为钢铁部件提供高硬度、低孔隙率的涂层,从而延长部件的使用寿命。在冶金行业,HVAF 技术被用于冷轧带钢连续退火炉底辊等部件的耐磨强化或修复。例如,通过在辊面喷涂 $NiCr - Cr_3C_2$ 涂层,可以提高其在高温下的连续工作能力和抗热冲击性能,减少因结瘤导致的钢带划伤,从而提高表面质量。此外,HVAF 技术还适用于冶金生产线上大量使用的输送辊,这些辊子在长期使用后会出现磨损,影响钢材质量。通过在这些辊子表面喷涂 Co 基 WC 涂层,可以在相对较低的工作温度下提供良好的耐磨性和综合机械力学性能。

1) 辊类部件的涂层制备

在钢铁生产中,辊类部件如轧辊、输送辊等是关键设备之一。这些部件长期受到高温、高压、磨损和腐蚀的影响,传统处理方法难以满足需求。HVAF 技术可以制备出具有高硬度、高耐磨性、高耐腐蚀性的涂层,显著提高辊类部件的使用寿命。例如,使用 HVAF 技术喷涂碳化钨等硬质合金粉末,可以在辊类部件表面形成一层坚固的耐磨涂层,有效抵抗磨损和腐蚀。

2）炉膛及管道内壁的防腐涂层

钢铁冶炼过程中，炉膛及管道内壁常受到高温氧化、热腐蚀等问题的困扰。HVAF 技术可以制备出具有优异抗高温氧化和热腐蚀性能的涂层，保护炉膛及管道内壁不受损害。这些涂层通常采用金属陶瓷、合金粉末等材料制成，具有优异的耐高温性能和良好的附着力。

3）设备修复与再制造

在钢铁行业中，许多关键设备部件在长期使用过程中会出现磨损、裂纹等问题，导致设备性能下降甚至报废。HVAF 技术可以作为设备修复与再制造的重要手段之一。通过喷涂相应的修复材料，可以恢复设备部件的尺寸精度和表面性能，延长设备使用寿命。此外，HVAF 技术还可以用于制备新的功能涂层，提升设备部件的性能指标。

4）环保与节能减排

随着环保意识的提高和节能减排政策的推进，钢铁行业面临着巨大的环保压力。HVAF 技术作为一种环保型表面处理技术，可以替代传统的电镀等污染严重的工艺方法。同时，通过制备高性能涂层提高设备耐用性、减少更换频率，也可以间接实现节能减排的目标。例如，在新金钢铁等企业的超低排放改造项目中就采用了包括 HVAF 在内的多种环保技术来实现全工序超低排放的目标。

7.3.2 具体研究应用

在中国热喷涂市场，钢铁行业一直是一个很热的话题，而这里贡献最大的，莫过于很早进入行业的宝钢机械厂。之后，风起云涌，其成为国内应用热喷涂技术较为成功、极为成熟的企业之一，2008 年，我们接触到许多钢铁行业的客户，而沉没辊与结晶器是当时讨论较多的话题。那时服务于钢铁行业的热喷涂设备，绝大多数都是 JP5000/8000。虽然 HVAF 有性能与成本上的优势，但是新技术与产品要进入一个行业，验证成本极高。

讨论自然要从工艺可行性开始，当时沉没辊的解决方案为 WC 涂层，喷涂后再用 Al_2O_3 封孔剂进行封孔。Kermetico 公司是从 USS - Posco 公司获得的沉没辊喷涂工艺：$200\,\mu m$ 厚的 WC - 10Co - 4Cr 涂层，再用氧化铝封孔。那时是由普莱克斯的 Super D - Gun 为 USS - Posco 完成这些涂层工作，他们需要在旧辊上重新进行涂层喷涂，所以需要旧涂层的退涂层工艺。氧化铝封孔剂原始成分是 $Al_2O_3 - AlPO_4$，在干燥和烘干之后，磷酸盐会转换为氧化铝，成为一种黏结剂,WC 涂层将先进行研磨,之后加封孔剂,再进行第二次研磨。

HVAF 也有沉没辊应用的成熟经验。2002 年,在纽约罗彻斯特的 Heany 工业公司,曾经喷过不少这类辊子,效果不比 D‑gun 的差。但他们后来没有继续做,不是技术原因,而是商业原因。

在 Heany 工业公司沉没辊的寿命可以达到 6 周以上,也就是 42 天以上的水平。我们与国内包括宝钢在内的专家们沟通,得到了以下信息: ① 通常客户会自己完成退涂层工艺,供应商的任务只是喷涂、封孔、抛光,达到尺寸与粗糙度图纸要求,当然,如果供应商具备退钨能力更为理想。② 沉没辊的使用时间通常在 15～20 天,整套装备将吊起对其配套的轴套、轴瓦进行更换,同时检查沉没辊涂层状态,如果没有问题,将继续使用。虽然涂层本身通常可以用到 2～3 个周期,但实际操作 2 个周期之后,就会进行沉没辊更换。③ 沉没辊的使用温度是 480℃,如果锌锅内的锌液是纯锌,则在沉没辊上喷涂碳化钨基材料;如果锌锅内的锌液中含有 5% 铝,则在沉没辊上喷涂 CoCrMo 材料。两种涂层均满足该温度工况下的使用要求,两种都是常用涂层。封孔剂并不是非常重要,重点是涂层本身的质量。如果涂层质量过关,均匀,致密,粗糙度达到 Ra 0.8 μm,其实加不加封孔剂就没有那么重要。而且甚至不需要对涂层进行抛光,只要涂层能够达到 20 天的使用寿命就算符合要求。Andrew 认为封孔剂的作用其实没有那么重要,客户文件如有要求才会实施。他的一贯理念是对 HVAF 的高致密涂层而言,封孔剂不一定有帮助,但肯定没有负面作用。所以,只要封孔没有给后续工艺,比如抛光带来太多麻烦或花掉太多时间,他就会选择封孔。从技术角度看,还有一种气态形式的封孔剂可供选择(Ktech/Bodykote 工艺),但是该工艺过于复杂,而且成本很高。该涂层经过研磨已经可以达到尺寸精度及粗糙度要求,不再需要进一步抛光。USS‑Posco 的标准是 Ra 不低于 0.8 μm,这个粗糙度指标通过轮式或带式研磨均可以实现,当然,不同公司的设备,技术要求也会存在区别。

7.3.3　应用展望

HVAF 技术在钢铁行业中的应用前景广阔且具有重要意义。随着技术的不断进步和应用经验的积累,HVAF 技术将在更多领域发挥重要作用。未来随着环保政策的持续加码和钢铁行业转型升级,HVAF 技术有望得到更广泛的应用和推广,并为钢铁行业的绿色发展和可持续发展贡献力量。同时我们也需要关注并解决 HVAF 技术在应用过程中面临的各种挑战和问题,以推动其更好地服务于钢铁行业乃至整个制造业。

7.4　高速燃气喷涂技术在包装机械行业的应用

随着科技的飞速发展和工业化的不断深入,包装机械行业作为现代工业生产中不可或缺的一环,其重要性日益凸显。包装机械不仅提高了生产效率,还确保了产品的安全性和卫生标准。而在包装机械的技术革新中,HVAF 技术制备的涂层在硬度、结合强度、耐磨性、耐腐蚀性等方面均表现出色,特别适用于对机械设备表面进行强化、防护和修复,正逐步展现其独特的优势和广泛的应用前景。HVAF 技术在包装机械行业的优势如下。

(1)提高设备性能。HVAF 技术制备的涂层具有优异的耐磨性、耐腐蚀性以及结合强度等特点,能够显著提高包装机械设备的整体性能。例如,在螺旋输送机上喷涂耐磨涂层后,其输送效率和使用寿命均得到显著提升;在自动化包装线的关键部件上喷涂防腐涂层后,则能有效防止设备因腐蚀而损坏。

(2)降低维护成本。由于 HVAF 技术喷涂的涂层具有较长的使用寿命和良好的耐磨耐腐蚀性能,因此可以显著降低包装机械设备的维护成本。设备维护周期的延长不仅减少了停机时间对生产的影响,还降低了因更换损坏部件而产生的费用。

(3)提升生产效率。HVAF 技术的应用有助于提高包装机械的生产效率。一方面,通过喷涂耐磨涂层减少设备磨损和故障率,确保了生产的连续性和稳定性;另一方面,自动化包装线中关键部件性能的提升也进一步提高了生产速度和效率。

(4)保障产品质量。在食品、医药等行业中,包装机械的性能直接影响产品的质量和安全。HVAF 技术的应用可以通过提高包装机械的稳定性和可靠性来保障产品的质量。例如,在真空包装机上喷涂耐磨涂层后,可以确保封口质量的稳定性和一致性;在灌装机械上喷涂防腐涂层后,则能有效防止化学物质对产品的污染。

7.4.1　应用概述

HVAF 技术在包装机械行业的应用主要有螺旋输送机的表面强化、包装机械关键部件的防护,以及自动化包装线的优化。

1) 螺旋输送机的表面强化

螺旋输送机是包装机械中常用的连续输送设备,广泛应用于食品、医药、化工等多个行业。由于输送的物料可能具有磨损性、腐蚀性等特点,螺旋输送机的叶片和筒体等关键部件易受损。采用 HVAF 技术对螺旋输送机的表面进行喷涂处理,可以有效提高其耐磨性和耐腐蚀性,延长设备使用寿命,降低维护成本。例如,使用 HVAF 技术喷涂 WC - 10Co - 4Cr 耐磨防腐涂层,能够显著提升螺旋输送机的抗磨损能力,同时保持较低的表面粗糙度,确保物料输送的顺畅性。

2) 包装机械关键部件的防护

在包装机械中,许多关键部件如轴承、齿轮、链条等承受着较大的摩擦和磨损。这些部件的损坏不仅会影响包装机械的正常运行,还会增加生产成本。通过 HVAF 技术对这些部件进行表面喷涂处理,可以形成一层坚固的耐磨涂层,有效减少磨损,提高部件的使用寿命。此外,对于需要防腐蚀处理的部件,HVAF 技术也能提供理想的解决方案,如喷涂防腐涂层以保护设备免受化学物质的侵蚀。

3) 自动化包装线的优化

随着自动化技术的不断发展,包装机械行业正朝着高度自动化的方向发展。在自动化包装线中,各种传感器、执行器等精密部件的稳定性和可靠性至关重要。HVAF 技术可以通过喷涂高性能涂层来提高这些部件的耐磨性、耐腐蚀性以及抗电磁干扰能力,从而确保自动化包装线的稳定运行。例如,在真空包装机的封口装置上喷涂 HVAF 耐磨涂层,可以显著提高其封口质量和稳定性,减少因磨损导致的故障率。

7.4.2　具体研究应用

1) 瓦楞辊

瓦楞辊表面的防护主要依靠喷涂粗粉涂层,而以前采用 HVAF 制备的细粉涂层的性能较好,粗粉涂层略有不足。Kermetico 公司对粗粉喷涂进行研发,并在钢铁行业成功地获得高质量的粗粉涂层应用。尤其是在 2019 年度推出的 C 系列 HVAF/HVOF 系统,已经实现完全覆盖 HVOF 的工艺窗口,可以制备出优秀的包括细粉、粗粉在内的各种粒度粉末的金属陶瓷涂层。

传统的 HVOF 一直采用的是$(-45+11)\mu m$ 或$(-53+16)\mu m$ 粒度的粉

末进行喷涂，瓦楞辊对制备态涂层粗糙度通常要求在 $Ra\ 2.5\ \mu m$，要实现这个粗糙度，理想的方法是选用粒度小于 $25\ \mu m$ 的 WC-12Co 或 WC-10Co-4Cr 粉末进行喷涂，喷涂这个粒度范围的粉末对 HVOF 来说存在材料烧损或堵住喷嘴的风险，而涂层预留量也相对多些，抛光成本相对高，HVAF 对这个粒度范围则极为胜任，它的效率优势和成本优势相对比较明显。理论上，瓦楞辊喷涂粒度为 $25\ \mu m$ 以下的 WC-10Co-4Cr 粉末，就可以获得 $Ra\ 2.0\sim2.5\ \mu m$ 粗糙度的涂层，该粗糙度的涂层甚至可以不需要抛光。

对瓦楞辊而言，涂层的韧性非常重要，因为瓦楞辊的表面有许多沟槽，将在涂层边缘产生巨大的应力。要提高 WC 涂层的韧性有两个办法：① 保持粉末中金属的延展性，防止 WC 中的碳析出进入钴基体；② 适当增加涂层孔隙，因为裂纹将会在微孔中停止扩展，不存在裂纹的发展则等于更好的抗裂能力。

对 HVAF 而言，以上两种特性都极容易满足，由于燃烧温度低基本不会失碳，所以保持了粉末中金属的韧性，材料几乎没有烧损，而且可以通过工艺控制，在保证总体孔隙率要求范围之内生成极小的微孔。当采用延长喷嘴时和致密涂层沉积时，如果涂层致密度增加，则涂层的韧性就会降低，所以涂层中存在一定的孔隙，有利于增加涂层的韧性。

对于瓦楞辊的应用来说，WC-12Co 是一个标准的选择，它是在 WC-10Co-4Cr 之前开发出来的材料，已经形成规模并成为公认的稳定工艺。在大多数情况下，使用 WC-12Co 是没有问题的，但是在腐蚀比较严重的情况下，则必须选择 WC-10Co-4Cr，但从工艺延续性来说，许多机构在腐蚀不是很严重的情况下，依然保留了使用 WC-12Co 的工艺习惯。此外，WC-12Co 涂层比 WC-10Co-4Cr 涂层韧性更好，但 WC-10Co-4Cr 涂层韧性可以通过调控 HVAF 工艺来改变，这时具有显著耐磨能力的 WC-10Co-4Cr 涂层的优势就显得比较明显。

国内市场采用 HVAF 实现铬替代喷涂瓦楞辊的企业通常不止喷涂一种产品，所以喷涂辅助设备的选择思路变得非常重要。

某企业主要生产最大直径为 485 mm、最长为 3 800 mm 的瓦楞辊和最大直径为 127 mm、最长为 6 000 mm 的钻杆。有两个问题需要考虑：喷涂转床是一台，还是两台，尤其数量并不是特别大的时候；对 6 m 长的工件，是采取 X-Y 两轴运动机构，还是用六轴机械手？以下是该企业的实际设计规划。

产品量不大时，可以定制符合产品最大长度与最大直径的喷涂回转机构，没有必要定制两台,除非其产品的回转转速机械上无法实现并存。所以最简单的方案是使用一台喷涂回转机构,并将喷枪装在车床的行走小车上,或单独定制回转机构,另外配备机械手。

方案一:对于支撑喷枪的单轴运动小车,需要具备调节喷枪高度和喷涂距离的功能,最好多加一个角度调整机构。先点枪,等喷枪工作稳定工作后,再将喷枪的工作方向调向工件。设备如果不具备角度功能,也可以在工件之外先点枪,待喷枪工作稳定后,再进入到 X 轴的连续步进工作状态。根据之前经验,用气缸(驱动器)来实现此类功能太粗糙,用液压缸又太过肮脏,采用电驱动器是可靠且相对简单的解决方案。

方案二:如果客户的预算充裕,比较理想的方案是定制喷涂回转机构,同时采购运动范围可以覆盖辊面长度的六轴机械手或用小机械手加上第七轴,两者都是可行的更为灵活的方案。

这两种解决方案都可以实现 6 m 的工作半径,注意在 HVAF 喷枪工作时,要求机械手至少具备 20 kg 以上的抓持力,ABB、Fanuc 或 Motoman 都是喷涂企业常用的选项。ABB 的编程相对麻烦,需要更加专业的训练,但熟练后更加稳定;Fanuc 和 Motoman 相对简单,也完全符合喷涂工作的需求,因为喷涂间内的粉尘浓度较大,最好给机械手配备尺寸合适的防护服,Motoman 的机械尺寸相对小些,所以它比其他型号更灵活。采用机械手的优点是比较灵活。

瓦楞辊的齿形众多,齿宽为 0.55~0.8 mm,齿距为 2.2~2.7 mm,辊直径不等,样辊直径为 314 mm,长度为 1 850 mm,整个辊筒上共有 392 个齿,瓦楞辊喷涂的工艺与技巧如下:可以进行两点或三点喷涂,即上位 A 点(70~75°)和下位 B 点各喷涂一遍,之后对准中心点,再喷涂一遍。也可以只喷上、下位,便可得到相对均匀的涂层。事实上,对瓦辊辊喷涂的认识较为复杂,还有专家甚至提出需要进行正、反转喷涂,才能获得更为均匀的涂层,喷涂上、下位的选择也非常讲究,要通过在喷枪上捆绑焊丝模拟喷枪的入射角,选择相对更垂直于齿面的位置,作为上、下角。大多数的工厂只选择上、下位及单向旋转的喷涂方式,涂层厚度也基本也都控制在 70~100 μm。但也有特殊情况,如果齿有一面垂直于辊轴方向(类螺旋),则喷涂时采取左、右、中心三点定位的方式。如果齿面是与轴平行,那么就采用上、下、中心的常规瓦楞辊的方法。

2) 网纹辊

网纹辊喷涂是国内成为喷涂市场的主流产品之一,拥有不小的市场份额,是国内热喷涂比较成熟的应用。传统工艺通常采用等离子喷涂粒度为 5～25 μm 或 15～45 μm 的 Ni80 - Cr20 制备黏结层，辊子一般直径为 90～100 mm，长度为 500 mm。

目前网纹辊的常见涂层设计是 Ni - Cr 作为黏结层，Cr_2O_3 为面层。采用 HVAF 进行网纹辊黏结层喷涂，常选择 15～45 μm 粒度的 Ni - 20Cr 粉末，2 号喷嘴和 3 号注粉器，其参数如下：空气压力为 86 psi；丙烷压力为 49～50 psi；氢气流量为 60％～70％；氮气流量为 45％～50％；喷涂距离为 150 mm。

在喷涂实物前要进行样品试验，以确认涂层工艺及涂层质量。选择直径为 150 mm（或更大）的空心管，喷涂时旋转速度设为 600～1 000 rpm，喷枪的横移速度设为 70～100 cm/s。喷涂前将产品预热到 70～80℃，喷涂时，两侧用压缩空气直接吹喷涂样品管。每遍喷涂之后，样品的温度不要超过 150℃，每喷完一遍，则将喷枪停止，用压缩空气冷却样品辊，通常每喷涂 2～3 遍后，重复一次。等样品辊表面温度降到 80℃（不要低于 55℃）时，再次进行喷涂。送粉器的转速设在 6 rpm，喷涂过程中，注意将每遍涂层厚度控制在 50 μm 以内。

HVAF 所用粉末中细粉比例非常重要，小于 10 μm 的细粉总量不能超过 0.5％，如果出现黏枪情况，则用锉刀清洁喷嘴内壁，更换 1 号喷嘴。喷涂金属黏结层时，建议在金属粉中按体积比 50/50 混入粒度为 220 目的 Al_2O_3 砂粒，混合前需将其烘干，送粉器转速设为 10～12 r/min。加入 Al_2O_3 砂粒的目的是确保涂层有极好的结合强度，同时也可以防止喷嘴堵塞，然而，涂层中嵌入的 3％～4％砂粒在观察金属结构时可能会脱落，在金相图上看起来像是孔隙，但事实上这样操作后涂层的致密度非常高（孔隙度＜1％），机械性能也极其出色，沉积效率约为 70％，生产成本更低。

3) 纵切辊

纵切辊为塑料膜精整辊，此类辊之前是电镀铬的，常见工件规格如下：辊长度为 1 200 mm，直径为 800 mm；辊面厚度（空心辊）为 12～16 mm；涂层厚度为 150 mm（研磨后）；表面粗糙度 Ra 为 0.04 μm；使用温度为 150～260℃；涂层需要具有良好的热传导能力。这种电镀辊的寿命约为 4 个月，失效原因为辊面出现划痕，不再符合工艺要求。采用 HVAF 在其表面制备喷涂 WC - 10Co - 4Cr 涂层，由于辊子的粗糙度较高（Ra 0.04 μm），准备 180～200 μm 的研磨预留量，总喷涂厚度达 350 μm，采用 HVAF 工艺制备的纵切辊寿命显著提高，客户的综合使用成本得到了很好的控制。

7.4.3　应用展望

在包装机械行业,HVAF 技术凭借其高耐磨性和低孔隙率的涂层优势,可显著提升设备部件的使用寿命,如输送带滚筒、齿轮等,有效降低维修和更换成本。其高效喷涂工艺还能减少停机时间,提高生产效率。同时,HVAF 技术的低能耗和环保特性契合行业绿色发展趋势。未来,随着技术的成熟和成本降低,HVAF 技术有望应用在更多包装设备上,助力企业实现降本增效与可持续发展。

1) 技术创新与升级

随着科技的不断进步和市场需求的变化,HVAF 技术将不断进行创新与升级以满足包装机械行业的新需求。例如,开发新型喷涂材料以提高涂层的综合性能;优化喷涂工艺以提高涂层的均匀性和结合强度;引入智能化控制系统以实现喷涂过程的自动化和精准化等。

2) 绿色环保与可持续发展

随着全球对环保问题的日益重视和可持续发展理念的深入人心,HVAF 技术也将朝着绿色环保的方向发展。例如,采用环保型喷涂材料以减少对环境的污染;优化喷涂工艺以降低能耗和排放;开发废旧涂层回收再利用技术等。

3) 拓展应用领域

除了传统的螺旋输送机、轴承、齿轮等部件外,HVAF 技术在包装机械行业的应用领域还在不断拓展。例如,在柔性包装机械上喷涂耐磨涂层以提高其适应性和稳定性;在智能包装机械上喷涂导电或绝缘涂层以实现特定功能等。随着应用领域的不断拓展和应用技术的不断创新,HVAF 技术在包装机械行业的应用前景将更加广阔。

4) 推动行业标准制定

随着 HVAF 技术在包装机械行业的广泛应用和推广,制定和完善相关行业标准成为未来的重要任务之一。通过制定行业标准可以规范 HVAF 技术的应用过程和质量要求,确保喷涂涂层的质量和性能达到统一标准,同时也有助于推动整个行业的健康发展和技术进步。

综上所述,HVAF 技术作为一种先进的表面处理技术,在包装机械行业中具有广泛的应用前景和重要的应用价值。通过喷涂耐磨、防腐等高性能涂层,HVAF 技术可以显著提高包装机械设备的性能和使用寿命;降低维护成本和提高生产效率;保障产品质量和安全;推动行业技术创新与升级以及绿色环保与可持续发展。因此,在未来的发展中,我们应该进一步加强 HVAF 技术在包装机械行业的研究和应用推广力度。同时,注重技术创新和标准制定等方面的工作,以推动整个行业的健康快速发展和技术进步。

7.5　高速燃气喷涂技术在电力行业的应用

HVAF 技术具有焰流温度低、颗粒速度高、涂层结合强度好、孔隙率低等优点,特别适用于对基体表面进行强化、修复和防护,在电力行业的应用日益广泛,其独特的优势为电力设备的维护、性能提升以及安全可靠性提供了有力支持。HVAF 技术在电力行业的优势如下。

（1）提高设备性能和使用寿命。HVAF 技术通过喷涂高性能涂层材料,可以显著提高电力设备的耐磨性、耐腐蚀性和抗疲劳性能,延长设备的使用寿命。这对于降低设备维修成本、提高设备利用率具有重要意义。

（2）增强设备安全性和可靠性。HVAF 技术喷涂的涂层具有优异的结合强度和致密度,能够牢固地附着在基体表面,不易脱落。这有助于增强设备的整体结构强度和安全性,防止因涂层脱落导致的设备故障和安全事故。

（3）环保节能。HVAF 技术在喷涂过程中产生的废弃物较少且易于处理,符合环保要求。同时,通过提高设备的耐磨性和耐腐蚀性,减少维修次数和停机时间,有助于降低能源消耗和排放,实现节能减排目标。

（4）适应性强。HVAF 技术可以喷涂多种材料,包括金属、陶瓷、复合材料等,适用于不同类型的电力设备和不同的工作环境。这使得 HVAF 技术在电力行业中的应用具有广泛的适应性和灵活性。

7.5.1　应用概述

HVAF 技术在电力行业的应用主要包括水轮机过流部件的防护、高压变频器的防护与散热、发电机转子的修复与强化,以及锅炉受热面的防护。

1）水轮机过流部件的防护

水轮机作为水电站的核心设备,其过流部件(如叶片、转轮等)长期受到水流冲刷和泥沙磨损,容易出现磨损和腐蚀问题,严重影响机组的安全稳定运行。HVAF 技术通过在这些部件表面喷涂耐磨、耐腐蚀的涂层,如 WC－CoCr、Fe 基非晶涂层等,可以显著提高部件的耐磨性和耐腐蚀性,延长使用寿命,减少维修成本。例如,西安热工研究院有限公司自主研发的"水轮机过流部件磨蚀再制造与 AC-HVAF 防护技术"在新疆亚曼苏水电站的成功应用,大幅提升了水轮机过流部件的抗磨蚀性能,为同类型水电机组提供了有效技术经验。

2) 高压变频器的防护与散热

在电力行业中,高压变频器作为重要的电力调节设备,其运行稳定性和可靠性直接关系到整个电力系统的安全高效运行。然而,传统的高压变频器在高温、高湿、高腐蚀性气体等恶劣环境下容易出现故障。HVAF 技术通过喷涂具有高导热性和耐腐蚀性的涂层,如铝基、铜基复合材料涂层等,不仅可以提高变频器的散热性能,降低运行温度,还能增强其耐腐蚀性,延长使用寿命。此外,一些新型高压变频器还采用了全密闭内置热交换器的设计,结合 HVAF 技术喷涂的密封涂层,实现了与外界环境的完全隔离,进一步提高了设备的可靠性和安全性。

3) 发电机转子的修复与强化

发电机转子是电力系统中承受高速旋转和电磁力作用的关键部件,其表面一旦出现磨损或裂纹,将严重影响发电机的性能和寿命。HVAF 技术通过喷涂高强度、高硬度的涂层材料,如镍基合金、钴基合金等,可以对发电机转子表面进行修复和强化。这些涂层材料具有良好的耐磨性、耐腐蚀性和抗疲劳性能,可以有效提高转子表面的硬度和强度,延长使用寿命。同时,HVAF 技术的喷涂过程对基体热影响小,不会改变转子的原有性能,确保了修复后的转子具有良好的运行稳定性。

4) 锅炉受热面的防护

在火力发电厂中,锅炉受热面长期受到高温烟气的冲刷和腐蚀,容易出现磨损和腐蚀问题。HVAF 技术通过在这些部件表面喷涂具有高耐磨性、耐高温和耐腐蚀性的涂层,如铁基非晶涂层、陶瓷涂层等,可以显著提高受热面的防护性能。铁基非晶涂层以其卓越的防腐、耐磨、抗高温等性能在电力行业中得到了广泛应用,特别是在 CFB 锅炉水冷壁管的防护方面取得了显著成效。

7.5.2　具体研究应用

1) 电力锅炉应用

热喷涂在电力锅炉行业的应用非常多,主要是可循环流化床燃烧锅炉

(circulating fluidized bed combustion boilers，CFB)、粉煤锅炉(pulverized coal boilers，PC)和垃圾焚烧发电锅炉(waste-to-energy boilers，WTE)3 种。

(1) 可循环流化床燃烧锅炉：抗冲蚀与耐腐蚀保护。

水冷壁：HVOF/HVAF 技术喷涂 Cr_3C_2 - 25NiCr；HVOF 技术喷涂 Cr_3C_2 - 37％WC - 18％NiCoCr；HVOF/HVAF 技术喷涂 NiCrNbBSiC 合金(仅欧洲使用)；电弧、药芯焊丝(LM2，以前称为 Armacor M)-纳米钢 SHS8517、SHS717(在腐蚀条件下不推荐)；火焰或等离子喷涂 NiCrBSi 合金，之后用火焰重熔(老技术，已很少使用)。

超级加热管：HVOF/HVAF 技术喷涂 Cr_3C_2 - 25NiCr。

炉灰漏斗螺旋推进器：HVAF 技术喷涂 Cr_3C_2 - 25NiCr。

气闸仓：HVAF 技术喷涂 WC - 10Co - 4Cr。

(2) 粉煤锅炉：腐蚀防护。

水冷壁：电弧喷涂 Ni - 45Cr - 4Ti(45CT)；等离子喷涂 Ni - 50Cr(仅日本和英国使用)；HVOF/HVAF 技术喷涂 Ni - 45Cr - 2Si 或 Inconnel 625；堆焊或激光堆焊 Inconnel 625；电弧或火焰丝材 316SS 黏结层，面层喷铝(老技术，已很少使用)，喷涂之后，通常会使用氧化铝/磷酸盐、氧化铝封孔剂。

超级加热管：HVOF/HVAF 技术喷涂 Inconnel 625。

再加热管：电弧喷涂 Inconnel 625 或 316 不锈钢。

(3) 垃圾焚烧发电锅炉，即在燃料中添加废物的循环流化床的 CFB 锅炉：冲蚀与腐蚀的保护。

水冷壁和超级加热管：等离子喷涂哈氏合金 C＋表面涂层 ZrO_2 - 7％Y_2O_3(仅限日本)；电弧喷涂 Inconnel 625 外加氧化铝/磷酸盐封孔剂。

CFB - WTE 水冷壁：HVOF/HVAF 技术喷涂 Cr_3C_2 - 25NiCr；HVOF/HVAF 技术喷涂 NiCrNbBSiC 合金(仅欧洲使用)。

通过电弧喷涂金属涂层是目前的主要技术手段，电弧喷涂成本相对低是其主要原因，HVAF 可以在这个市场中参与竞争的原因是选用低成本的材料，如铁基耐腐蚀材料，有些材料开发已经成功。目前市场上金属喷涂正在被激光堆焊等堆焊技术所取代，虽然该技术工艺耗时较长且成本较高，但有观点认为这是一种一劳永逸的解决方案，而一般情况下，电弧应用都被认为是暂时的处理方案。

对 HVAF 而言，其最有吸引力的则是喷涂 WC 基涂层的应用。即使采用 AK05 手持喷枪也比 HVOF 要快 3 倍，且更低的施工成本。同时，HVAF 涂层表现出更为优秀的涂层性能,虽然那些涂层性能的数据是在更大的 AK07 和 AK06 喷枪上获得的,但是 AK05 喷枪涂层性能差距不大,同样也优于 HVOF 涂层。HVAF 在这类应用中的另一个优势是其热喷砂功能,迄今为止,旧涂层的去除是一个极为耗时的过程,经常是在旧涂层去除上花的时间要远比制备一个新涂层还要长,特别是在喷涂碳化物涂层时。根据经验,HVAF 喷砂去涂层的将至少提高 10 倍的效率,而喷砂砂粒的消耗量,仅为 1/20。

2) 水轮机应用

在水轮机相关组件中的部件磨损主要有冲蚀和空泡腐蚀两种。WC 涂层的抗冲蚀能力非常优秀,但抗空泡腐蚀的能力相对差些,当空泡腐蚀是主要磨损原因时,选择 WC 涂层时需要小心些。从好的方面来看,HVAF 的 WC 涂层对抗空泡腐蚀的能力比传统 HVOF 涂层的要好 4～5 倍以上,英国斯伦贝谢和印度中英动力研究所试验报告均发现,在大多数情况下,如果同时存在冲蚀和空泡腐蚀,WC - 10Co - 4Cr 是目前最理想的材料了。

图 7 - 13 所示是不同材料的耐磨损试验结果,表 7 - 2 所示为典型材料的成分。可以看到 WC 涂层的耐磨能力是硬面金属的 20～30 倍。这还没有与"软"金属比较,众所周知,硬面金属的耐磨能力至少是"软"金属的 5 倍以上,所以在同等测试条件下,WC 涂层的耐磨能力是常规金属的 100 倍以上。而现实生活中,WC 涂层的耐磨能力几乎没有时间概念,当然,这里只是直接磨损的试验结果,没有针对冲蚀或料浆冲蚀进行试验,各材料之间的性能差异表现将会更大。

表 7 - 2　典型材料的成分

合　金	名　称	名义化学组成/%（质量分数）
FeCrBC	SHS717	Fe - 15Cr - 3Mo - 6W - 3B - 1Si - 1.8C
FeNiCrMoC	SS - 3.50	Fe - 15Ni - 29Cr - 4Mo - 1.8C
司太立 6	ST - 6	Co - 27Cr - 4W - 1.0C
NiCrWBSi	1662	Ni - 9Cr - 9W - 2.5B - 4Si - 0.6C
FeCrBSi	A6(6AB)	Fe - 6Ni - 14Cr - 3.3B - 2.9Si
FeMoCrSi	T10	Fe - 30Mo - 10Cr - 2.6Si

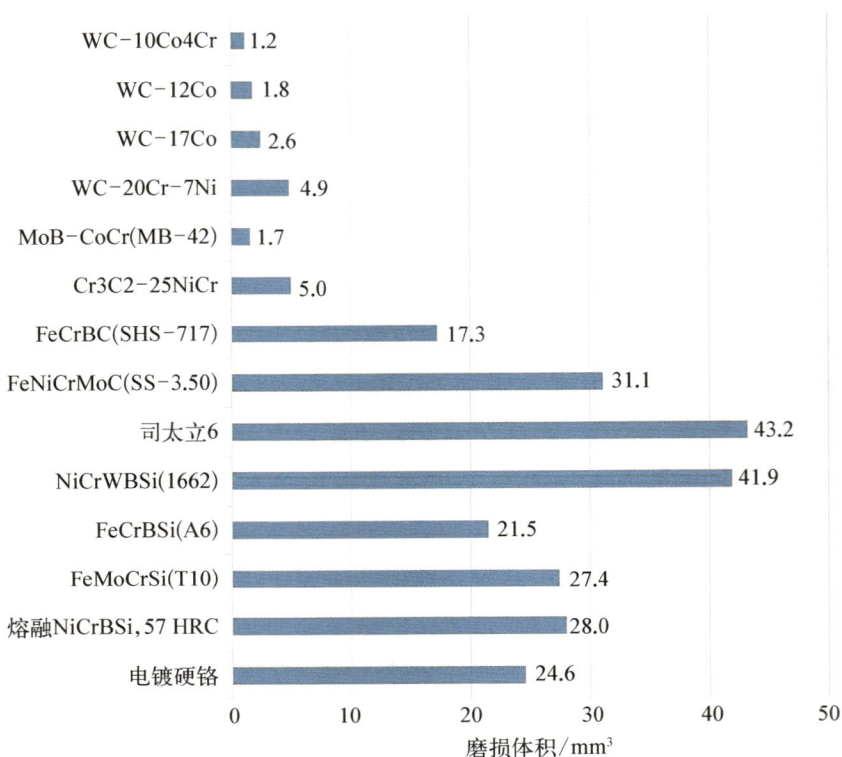

图 7–13　不同材料的耐磨损试验结果

　　值得强调的是,目前 HVAF 涂层的耐磨能力已经比当时斯伦贝谢试验时的表现得更为优秀,至少强 3 倍以上。图 7–14 所示是 WC–10Co–4Cr 涂层与没有涂层的 410 不锈钢棒(直径 45 mm)经过 5 年检验之后的表现比较,这是一根在腐蚀环境下催化剂塔门上工作的液压杆,可以看到 410 超级不锈钢减厚至少 4 mm,而 WC 涂层几乎没有变化,甚至连划痕都没有。

　　从功能需求来看,还有一些材料可供选择:如考虑到恶劣的磨损和腐蚀,除了 WC–10Co–4Cr 外,还可以选 WC–20CrC–7Ni 和 Cr_3C_2–25NiCr,但是它们成本会更高,性能表现及使用工况也略有不同。WC–20CrC–7Ni 涂层相对较脆,喷涂工艺窗口较窄,耐腐蚀能力更强,但耐磨能力弱些。而 Cr_3C_2–25NiCr 适于更高温度下的冲蚀,但在常温下,其耐冲蚀能力不如 WC–10Co–4Cr 的。超级不锈钢 Fe–28Cr–10Ni–6Mo–1.8C 合金材料也可以考虑,其硬度可以达到 55 HRC,很耐腐蚀,是一种非常有韧性的材料,但

图 7‑14　WC‑10Co‑4Cr 涂层与没有
涂层的 410 不锈钢棒

它可能会产生电偶腐蚀。如果考虑金属材料,则可以采用"司太立 6"或"哈斯洛依"合金,它们具有良好的抗气蚀性能,但是,它们的耐冲蚀能力仅为 WC 的 1/30。综合来看,WC‑10Co‑4Cr 是在这个应用中的最佳选择。

可以重点考虑 WC‑10Co‑4Cr,比较一下,如果之前表面厚度损失的主要机理是由于冲刷,那么 HVAF 的超级不锈钢涂层比不锈钢堆焊涂层的表现要好 5～10 倍,保守以 5 倍寿命来计算,那么要替代 8 mm 厚堆焊涂层,只需要 8÷5=1.6 mm 厚的超级不锈钢涂层。而 WC‑10Co‑4Cr 的涂层性能比堆焊要强 100 倍以上,所以只需要喷涂 8÷100=0.08 mm 厚度的 WC 涂层就可以达到之前 8 mm 厚堆焊不锈钢的水平,而这一厚度的 WC 涂层比 1.6 mm 厚的超级不锈钢要便宜很多,而如果喷涂 0.15 mm 厚的 WC 涂层,则可以提供 2 倍以上 8 mm 厚的堆焊的寿命。

图 7‑15 所示为印度中央电力研究所的 HVAF WC‑10Co‑4Cr 涂层与其他 HVOF 涂层的性能比较。通过不同枪的配置完成 3 种不同的涂层。在耐空泡腐蚀的试验中,表现相对不理想的 HVAF 涂层,也比最好的 HVOF 涂层表现优异 2.8 倍,而表现最好的样品,则比它们好 4 倍以上。在料浆冲蚀的试验中,则至少要好 1.3～1.4 倍。此外,HVAF 涂层的均匀一致性比 HVOF 也要优秀很多,HVAF 涂层基本没有性能"短板"。

3) 泵轮

泵轮主要用于清除锅炉油烟,由于介质带有颗粒物的液体和气泡,叶轮的损坏原因是这些颗粒或气泡造成的冲蚀或气蚀。使用工况的 pH 值为 4～6.5,液体中颗粒浓度约为 55%,空气中颗粒浓度约为 2%～9%,氯浓度约为 60 000 ppm[①]。在这种直径为 953 mm、高度为 610 mm、转速为 55～660 rpm 的泵轮表面采用 HVAF 技术喷涂哈氏合金涂层或者喷涂超级不锈钢涂层,可以有效达到防腐、耐冲蚀和抗气蚀的目标。

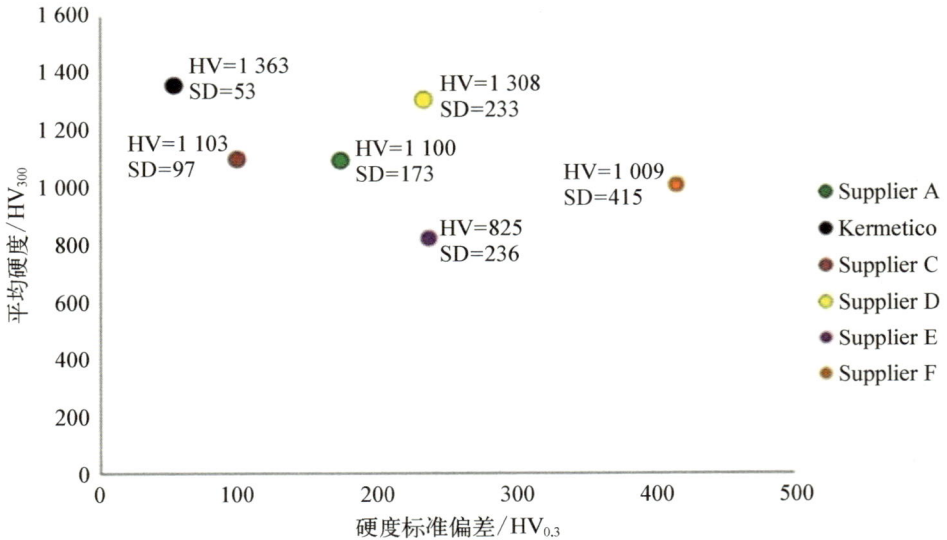

图 7‑15 HVAF‑WC‑10Co‑4Cr 涂层与其他 HVOF 涂层比较

4) 水泵叶轮

图 7‑16 所示是目前世界先进的水泵及型号,其叶轮基体是铁合金(Cr 26%～28%,Ni 4.5%～9%,其他元素有 Ti、Mo 等),喷涂 NiCrZi 合金用于耐磨,但是效果不佳,寿命约为 21～36 个月。

水泵叶轮的尺寸有很多种,较大的叶轮直径为 900 mm,高度(厚度)为 500～600 mm,质量为 700～900 kg;较小的叶轮直径为 600 mm,高度(厚度)为 480 mm,质量为 300 kg。该零件工作环境温度为 45～60℃,所受压力小于 50 kg,pH 值为 4.5～6,喷涂面积通常为 2～4 m²,涂层厚度要求为 1 mm,结合强度为 80～90 MPa,孔隙率小于 1%,涂层需具有耐酸能力。根据叶轮工件

---

① 1 ppm$=10^{-6}$。

系列进口浆液循环泵配件

一. 进口胶硫浆液循环泵配件

1. 德国凯士比（KSB）泵
KWPK600—753
KWPK600—663
KWPK600—824
KWPK600—813
KWPK700—924
KWPK800—934

2. 澳大利亚沃曼（WARMAN）泵
500STY—L
600SY—GSL
700TY—GSL
800SFLR

3. 芬兰苏尔寿（SULZER）泵
ZAP801—9900
ZAP701—890
WPP54—400
SPP601—6600

4. 日本泵
Rn—7002MSZ—700A

二. 进口搅拌器桨叶
美国 SHARPE　　　　1000
美国 FLENDER　　　　1400
德国 EKATO—H2SH4B
德国 EKATO. HWL2060N　1000
HWL2080N

图 7‑16　世界先进的水泵及型号

的实际尺寸来决定喷涂工艺,如叶轮的尺寸足够大则对单个叶片逐个进行喷涂,如果单个叶片太小,则对整个叶轮整体在旋转模式下进行喷涂。针对耐磨和耐蚀性能问题,提出采用 HVAF 技术制备合适的涂层来解决,这类工况首要目标是耐冲蚀,其次是耐腐蚀。WC‑10Co‑Cr 对于耐腐蚀性是理想的,包括 pH 4.5 的弱酸工况,而且涂层最好选择非水基的环氧酚醛涂料、FEP、聚亚安酯等进行封孔。因为 WC‑10Co‑Cr 耐磨性比 NiCrZi 合金的强 20 倍,以往标准叶轮产品,WC 涂层喷涂 0.5 mm 厚足以满足使用需求,涂层越厚应力越集中,可能使涂层过早产生裂纹和散裂,成本也很高。确定合适的喷涂厚度必须搞清哪里是无磨损的区域,哪里磨损比较严重,哪里需要喷涂较厚的涂层。可能是每个叶片的某一侧及叶片和两侧的过渡区域,也可能还包括叶片的边缘是磨损最严重的区域,上述两个区域之间是从重磨损区域到无磨损区域的过渡区域,必须有平滑的涂层连接。根据叶片尺寸,每个叶片采用扁平单独喷涂模式,剩下的区域采用旋转喷涂,重磨损区域涂层为 0.5 mm,过渡区域涂层平均厚度为 0.2 mm。喷涂前必须对叶轮轻微喷砂,以彻底除去表面杂质,再将叶轮预热 4～5 遍,然后连续不间断地喷涂,无须冷却,每个叶片必须连续完整喷涂,直到过渡区域涂层到达要求的厚度,最后集中对重度磨损区域进行喷涂,处理好的水泵叶片在实际使用过程中寿命至少提高一年以上。

5) 汽轮机

汽轮机的涂层有数十种,主要如下：① 一级叶片,CoNiCrAlY 黏结层（G‑195,采用 APS 或 HVOF)加等离子喷涂 ZrO_2 ‑ 8⅛ Y_2O_3（8YSZ）面层;

② 二级叶片和三级叶片，CoNiCrAlY 涂层（G‐195，采用 APS 或 HVOF）；③ 导叶架（带状或条状），Cr_3C_2‐25NiCr 涂层；④ 机匣，NiCr 膨润土或 Ni 石墨可磨耗封严涂层（采用 APS），叶片的边带喷涂 NiCrAlY（采用 HVOF 或 APS）；⑤ 排气口环带，CoNiCrAlY（G‐195，采用 APS 或 HVOF）。蒸汽涡轮机基本上采用相同的方法，但不使用热障涂层，也不使用可磨损涂层，汽轮机叶片的末级可能有司太立 6（钨铬钴合金）或 WC‐CoCr 涂层，以抵抗气蚀。有汽轮机企业采用 HVOF/HVAF 技术喷涂汽轮机叶片，涂层的位置、厚度和其他要求都是由企业提出，这些要求通常包括涂层工艺、材料和设备，图 7‐17 是地面燃气轮机部件及喷涂照片，制备出的涂层性能符合实际要求。

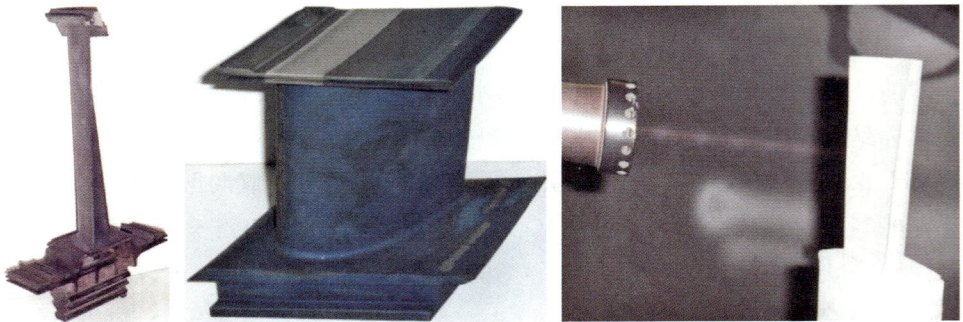

图 7‐17　地面燃气轮机部件及喷涂照片

此外，日本的 HSK 曾经用 HVAF 制备燃烧室 G‐195 涂层，涂层厚度约为 1 mm，G‐195 气雾化粉末的成分如表 7‐3 所示，涂层性能如表 7‐4 所示。

表 7‐3　G‐195 气雾化粉末的成分

名　称	含量/%（质量分数）
Co	37～39
Al	8～9
Ni	32
Y	0.5

名　称	含量/%（质量分数）
Cr	20～21
C	0.01

表 7 - 4　G - 195 涂层性能

性　能	数　值
金相孔隙率/%	<1.0
结合强度/psi（Inconel 718 高温合金—0.5 mm 涂层）	8 000
氧含量/%（质量分数）	<0.28
最大涂层厚度/mm	1.00
最高工作温度/℃	1 150

图 7 - 18 所示为制备态 G - 195 涂层的标准金相图。该涂层用于防止燃气轮机部件的高温和"热"腐蚀，较低的初始氧含量使它可以实现在真空热处理后的极佳的防护性能。

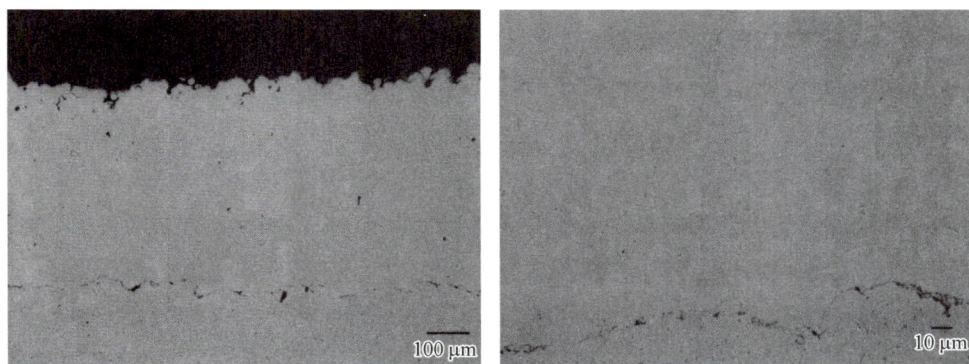

图 7 - 18　制备态 G - 195 涂层标准金相图

7.5.3　应用展望

在电力行业，HVAF 技术凭借其优异的耐磨、耐腐蚀性能，为设备防护提供了高效解决方案。该技术在高温、高腐蚀环境下表现出色,能够有效保护电站设备,提升运行稳定性。随着新型电力系统的发展,HVAF 技术有望在更多关键部件上应用,助力电力行业实现高效、安全和可持续发展。

1) 技术创新与升级

随着科技的不断进步和市场需求的变化,HVAF 技术将不断进行技术创新与升级。例如,开发新型喷涂材料以提高涂层的综合性能;优化喷涂工艺以提高涂层的均匀性和结合强度;引入智能化控制系统以实现喷涂过程的自动化和精准化等。

2) 绿色环保与可持续发展

在全球环保意识的不断提高下,绿色环保与可持续发展已成为各行各业的重要趋势之一。HVAF 技术将更加注重环保性能的提升和节能减排的实现。例如,采用环保型喷涂材料、优化喷涂工艺减少能耗和排放等以满足电力行业的环保需求。

3) 拓展应用领域

随着电力行业的发展和 HVAF 技术的不断成熟,其应用领域将不断拓展。除了上述提到的应用领域外,HVAF 技术还可以应用于电力设备的更多部件和更多类型的电力设备中,如变压器、断路器、隔离开关等关键设备的防护与强化。这将进一步发挥 HVAF 技术在电力行业中的作用和价值。

4) 推动行业标准制定

随着 HVAF 技术在电力行业的广泛应用和推广,制定和完善相关行业标准将成为未来的重要任务之一。通过制定行业标准可以规范 HVAF 技术的应用过程和质量要求,确保喷涂涂层的质量和性能达到统一标准,同时也有助于推动整个电力行业的健康发展和技术进步。

综上所述,HVAF 技术在电力行业的应用具有广泛的前景和重要的价值。通过不断的技术创新和升级以及适应市场需求的变化,HVAF 技术将为电力行业的发展提供更加有力的支持。

7.6 高速燃气喷涂技术在海洋腐蚀方面的应用

海洋环境以其高盐度、高湿度、强腐蚀性和复杂多变的气候条件,对各类工程设施提出了严峻的挑战。海洋防腐技术作为保障海洋工程设施耐久性和安全性的关键,近年来得到了广泛的关注和研究。其中,HVAF 技术作为一种先进的热喷涂技术,在海洋防腐领域展现出独特的优势和广阔的应用前景。HVAF 技术在海洋防腐中的优势如下。

(1)高效防腐。HVAF 技术制备的涂层具有优异的耐腐蚀性能,能够有效抵御海洋环境的侵蚀。

(2)长寿命。涂层的致密结构和高强度结合确保了涂层的长期稳定性和耐久性。

(3)适应性强。HVAF 技术适用于各种金属和非金属基体,拓展了其应用范围。

(4)环保节能。相比传统防腐方法,HVAF 技术具有较低的能耗和较少的污染排放。

7.6.1　应用概述

HVAF 技术在抗海洋腐蚀方面的应用包括海上风电设备防腐、海洋平台防腐、船舶防腐以及海洋管道防腐。

1)海上风电设备防腐

海上风电设备长期处于高盐度、高湿度的海洋环境中,极易受到腐蚀的影响。HVAF 技术通过制备耐腐蚀涂层,有效延长了海上风电设备的使用寿命。例如,在海上风电塔架、叶片等关键部件上喷涂 HVAF 铁基非晶涂层,不仅提高了涂层的耐腐蚀性能,还增强了部件的抗疲劳和抗冲击能力。

2)海洋平台防腐

海洋平台作为海洋油气开发的重要设施,其防腐性能直接关系到整个工程的安全性和经济性。HVAF 技术通过制备高性能的防腐涂层,有效抵御了海洋环境的侵蚀。在海洋平台的钢结构上喷涂 HVAF 涂层,可以显著降低腐蚀速率,延长平台的使用寿命。

3)船舶防腐

船舶是海洋运输的主要工具,其防腐性能直接影响船舶的安全性和运营效益。HVAF 技术通过制备具有优异耐腐蚀性能的涂层,为船舶提供可靠的防腐保护。在船舶的船体、甲板、舱室等关键部位喷涂 HVAF 涂层,可以有效防止海水、盐雾等腐蚀介质的侵蚀,延长船舶的使用寿命。

4）海洋管道防腐

海洋管道是输送油气资源的重要通道,其防腐性能直接关系到管道的安全运行。HVAF 技术通过制备耐腐蚀涂层,为海洋管道提供了可靠的防腐保障。在管道外壁喷涂 HVAF 涂层,可以有效隔绝海水和土壤中的腐蚀介质,防止管道发生腐蚀穿孔等事故。

7.6.2　具体研究应用

海洋环境的防腐问题一直是相关行业棘手的困难之一,比如汽轮机或海水泵叶轮,直径达 1.8～2.5 m,铸件材料是 0Cr25Ni20,若涂层处理效果不好,就会受到海水腐蚀和砂粒的冲蚀,通常寿命只有 12～18 个月,如图 7-19 和图 7-20 所示,海水防腐和砂蚀防护显得比较迫切。

在钛合金材料制成的喷砂筛和泵叶轮表面使用常规电弧喷涂 Fe-25Cr-5.5C 药芯丝材,喷涂后用酚醛环氧树脂对涂层进行封孔,在海洋

图 7-19　海水腐蚀的叶片

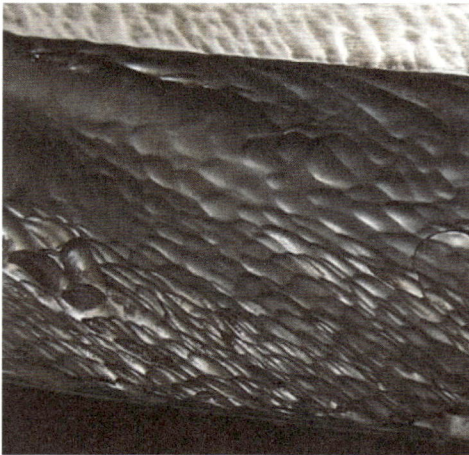

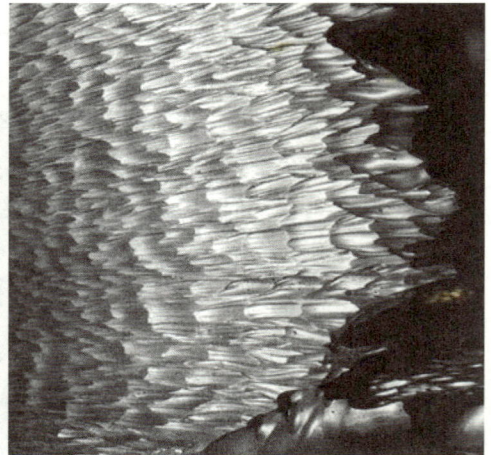

图 7-20　砂粒冲蚀的局部叶片

环境下其寿命可提升数倍。喷涂硬面金属是一个非常可靠的方案，HVAF 的涂层性能要远优于电弧喷涂，有了更优的材料选择，所以效果肯定会更理想，涂层选择酚醛环氧树脂封孔，整体寿命将大为提升。其中可供选择的涂层材料主要有超级不锈钢（$Fe-29Cr-10Ni-4.5Mo-1.9C$，硬度可达 55 HRC）和纳米钢 SHS 9172（$Fe-17Cr-3Mo-8W-7Nb-4B-1C$，硬度可达 60 HRC）两种。超级不锈钢将可以提供更好的抗腐蚀能力，同时也可以提供超强的抗气蚀能力和更宽的喷涂工艺调控窗口，但 SHS 9172 涂层的抗冲蚀能力更强。如果磨损很严重，则可以选择 Cr_3C_2-NiCr，同样，最好也封孔。

7.6.3　应用展望

1）材料创新

随着材料科学的不断发展，新型防腐材料不断涌现。HVAF 技术将结合这些新材料，制备出具有更高耐腐蚀性能和更广泛适用范围的涂层。例如，开发具有自修复功能的涂层材料，能够在涂层受损时自动修复，进一步提高涂层的防腐性能。

2）技术融合

HVAF 技术将与其他防腐技术相结合，形成综合防腐体系。例如，将 HVAF 涂层与电化学保护、缓蚀剂等技术相结合，实现多重防腐保护，提高海洋工程设施的防腐性能。

3）智能化应用

随着物联网、大数据等技术的不断发展，HVAF 技术将向智能化方向发展。通过实时监测涂层的状态和性能参数，及时发现并处理涂层缺陷和损伤，提高涂层的维护效率和可靠性。

4）环保节能

未来 HVAF 技术的发展将更加注重环保和节能。通过优化喷涂工艺和设备结构，降低能耗和污染排放。同时开发新型环保型涂层材料，减少对海洋环境的影响。

HVAF 技术作为一种先进的热喷涂技术，在海洋防腐领域展现出独特的优势和广阔的应用前景。通过制备高性能的防腐涂层，HVAF 技术有效延长了海洋工程设施的使用寿命，保障了工程的安全性和经济性。随着材料科学、信息技术等领域的不断发展，HVAF 技术将在海洋防腐领域发挥更加重要的作用，为海洋资源的开发利用和海洋工程设施的安全运行提供有力保障。

7.7 高速燃气喷涂技术在造纸行业的应用

造纸行业作为全球最大的工业门类之一，其生产过程中的设备磨损、腐蚀以及纸张质量等问题一直是行业关注的焦点。在造纸行业中，HVAF 技术主要用于喷涂耐磨、耐腐蚀的涂层，以延长设备使用寿命、提高生产效率和产品质量，近年来该项技术在造纸行业中得到了越来越广泛的应用，HVAF 技术在造纸行业的优势如下。

（1）显著提高设备性能。HVAF 技术喷涂的涂层具有优异的耐磨性、耐腐蚀性和结合强度等特点，能够显著提高造纸设备的整体性能。例如，在烘缸上喷涂耐磨涂层后，烘缸的耐磨性得到显著提升，减少了因磨损而导致的停机维修次数和时间；同时涂层还能降低纸张与烘缸表面的摩擦系数，提高纸张的干燥效率和表面质量。

（2）延长设备使用寿命。由于 HVAF 技术喷涂的涂层具有良好的耐磨性和耐腐蚀性等特点，因此能够显著延长造纸设备的使用寿命。这不仅减少了设备的更换频率和成本投入，还降低了因设备故障而导致的生产中断风险，提高了生产的连续性和稳定性。

（3）提高生产效率和产品质量。HVAF 技术的应用有助于提高造纸行业的生产效率和产品质量。一方面通过减少设备磨损和故障率降低了停机维修时间提高了生产效率；另一方面通过改善设备表面质量提高了纸张的生产质量和一致性，满足了市场对高品质纸张的需求。

（4）环保节能。HVAF 技术作为一种先进的表面处理技术具有环保节能的特点。该技术喷涂过程中产生的废弃物较少且易于处理减少了对环境的污染；同时涂层具有良好的耐磨性和耐腐蚀性等特点降低了设备的能耗和维修成本有助于实现造纸行业的绿色可持续发展目标。

7.7.1 应用概述

1）烘缸表面的强化与防护

烘缸是造纸机中的关键部件，其表面质量直接影响纸张的干燥效果和表面质量。然而,烘缸在使用过程中常因磨损和腐蚀而受损,导致纸张出现痕迹、断裂等问题。HVAF 技术通过在烘缸表面喷涂耐磨、耐腐蚀的涂层,如 WC‐CoCr‐FEP 等复合材料涂层,可以显著提高烘缸表面的硬度和耐磨性,同时降低纸张与烘缸表面的摩擦系数,减少纸张的粘连和断裂现象。此外,HVAF 技术喷涂的涂层还具有良好的耐腐蚀性,能够有效抵抗造纸过程中的化学腐蚀,延长烘缸的使用寿命。

2) 卷纸轴和中心压辊的防护

卷纸轴和中心压辊是造纸机中用于纸张传输和压实的部件,其表面质量同样对纸张生产有重要影响。这些部件在使用过程中也常因磨损和腐蚀而受损,导致纸张传输不畅、压实不均匀等问题。HVAF 技术通过在这些部件表面喷涂耐磨、耐腐蚀的涂层,可以有效提高其表面硬度和耐磨性,减少磨损和腐蚀对生产的影响。同时,HVAF 技术喷涂的涂层还能改善部件表面的润滑性能,降低纸张与部件之间的摩擦阻力,提高纸张传输的顺畅性和压实的均匀性。

3) 其他造纸设备的应用

除了烘缸、卷纸轴和中心压辊外,HVAF 技术还可应用于造纸行业中的其他设备表面强化与防护。例如,在切割机刀片上喷涂耐磨涂层以提高切割效率和刀具寿命;在纸浆搅拌器上喷涂耐腐蚀涂层以防止化学腐蚀等。这些应用不仅提高了设备的性能和使用寿命,还降低了维护成本和停机时间,对提升造纸行业的整体生产效率和经济效益具有重要意义。

7.7.2　具体研究应用

热喷涂技术在造纸行业具有广泛应用,主要用于预防以下几种腐蚀或磨损情况:① 蒸煮器内壁中的白液腐蚀;蒸发器内壁中的黑液腐蚀;换热器管子中的碱液蒸气腐蚀;存储罐内壁中的黑液腐蚀;回收炉和过热器管子中的熔盐腐蚀和硫化反应;回收炉水冷壁管子的硫化反应,风孔周围的硫化—氧化反应;回收炉除尘器的碱性和 H_2S 侵害。② 造纸机长网造纸机辊筒中的腐蚀;网部和压榨部辊筒中腐蚀。③ 压榨辊筒的磨损和腐蚀。④ 干燥部辊筒的磨耗和化学腐蚀。⑤ 辊筒的腐蚀和磨耗。⑥ 压光机的磨损。⑦ 刮刀的磨损。⑧ 引纸辊和卷纸辊的磨损。⑨ 卷纸机卷筒的磨损。⑩ 复卷机纵切辊的磨损等。

1) 纸生产线

(1) 卷纸轴(辊):由于纸张类型、卷绕速度、卷绕设定参数等原因,纸张和卷纸轴之间会产生滑动。这样,在完成的纸卷上不能达到所要求的张力,会产生几层非圆纸卷结构。在后面复卷部分,这些不能被复卷而只能切掉的纸通常最高可达造纸机产量的5%。卷纸轴(辊)涂层的用途就是提高卷纸轴的轨道表面属性,改善纸张在辊上缠绕初始时卷筒的圆心度,以减少成品纸在重新缠绕/切割段的浪费。

传统解决办法:在卷纸轴表面用传统的低速燃烧火焰喷涂工艺涂覆一层粗糙的WC化合物涂层。这些传统WC涂层中含有非常大的WC晶粒(50~100 μm),被一个金属基质黏结在一起(Co或Co-Cr)。当卷纸轴第一次运行时,大的WC颗粒会破坏纸张。甚至在正常运行时,颗粒也容易从金属基质中被拉出。这样,随着时间推移,涂层会很快减少,需要剥去和置换。

最新解决办法:HVAF制备WC-Co-Cr防滑涂层。通过应用HVAF工艺产生WC合成涂层,使卷纸轴防滑性能得以显著提高。在这个工艺中,使用的合成烧结粉末WC-10Co-4Cr中的WC晶粒减小到约1 μm,与金属基体结合强度很高。这样,纸张不会被粗糙的陶瓷颗粒损坏。HVAF工艺产生的WC基涂层的最高断裂韧性超过已知HVOF和火焰喷涂涂层的至少2个数量级,因为WC基涂层磨损的主要机理是由材料脆度引起的,而HVAF涂层展示了最高抗磨性,所以能产生寿命最长的涂层。最后,HVAF工艺要求的每遍0.10~0.15 mm喷涂涂层厚度,消除了已知的其他热喷涂涂层中的缺陷,涂层结构在磨损过程中是统一的,保证了在任何剩余厚度涂层都能可靠地工作。

(2)卷筒(卷筒):采用粗糙的HVAF喷砂(Ra值超过20 μm),以根据需要产生大粗糙度的涂层。

(3)烘干部分(烘缸):烘缸涂层的用途是为提高辊表面的耐磨能力(包括重载条件下)和提供释放性能(防黏性),烘缸表面由于磨损和腐蚀会被损坏,在纸张上产生痕迹和缺陷。纸张也可能粘在烘缸表面,引起纸张断开并缠绕到烘缸上。

传统解决办法:通过在烘缸表面涂覆含有20%特氟龙的硬铬涂层来提供必要的抗磨、抗腐蚀和释放性能。然而,调节机构使特氟龙和涂层磨失特别快,并且这种涂层不能在现场修复。

最新解决办法:HVAF工艺喷涂WC-Co-Cr-FEP涂层。应用HVAF工艺产生WC层和氟化乙丙烯聚合物层,可将烘缸表面的释放性能显著提高。

在 HVAF 工艺中,喷涂颗粒尺寸只有 $5\sim30~\mu m$,同时喷涂颗粒速度达 $600\sim900~m/s$,因而产生具有最高硬度($1\,100\sim1\,200~HV_{300}$)的无孔隙涂层并且具有异常高的延展性。由于 WC 基涂层磨损的主要机理是材料脆度,HVAF 工艺产生 WC 基涂层具有最高抗裂韧性,使涂层展现了最高的防磨性,这就保证 HVAF 涂层具有最长寿命。HVAF 每遍喷涂 $0.10\sim0.15~mm$ 厚,不存在层间缺陷,因而涂层在寿命期的磨损是一致的,保证涂层在任何剩余厚度都是可靠的。HVAF-WC 基涂层可抛光到相当低的表面粗糙度,这是由于涂层中喷涂颗粒的高聚合力及原始粉末的小粒度产生的,它保证烘缸表面在寿命期中的释放性能更好。氟化乙丙烯(FEP)拥有与温度低于 $200℃$ 时的特氟龙相同的抗粘连特性和防腐性。此外,FEP 涂层与 WC-Co-Cr 基体具有更好的连接性,烘烤过程更短并且需要的加热温度更低($120℃$),因而能保证更好地控制性能。

(4) 压辊和中心压辊:压辊和中心压辊涂层的目的是为防止辊表面磨损而引起纸张表面的破坏,中心压辊问题是辊子的花岗岩外壳相当贵,并且由于材料的脆性而很容易损坏。

传统解决办法:在固态钢辊表面做一个硬橡皮外壳或喷涂坚硬的合成包覆,硬橡胶外壳和合成包覆的共同问题是它们的硬度相对较低,不能在接触表面和它分开时提供必要的压力,在某些特定加压类型应用中使用蒸汽箱,会因加热引起这些材料退化。

在固态钢辊上热喷涂陶瓷涂层,陶瓷涂层的主要问题是它的易碎性。涂层常由于裂纹和稀松的颗粒结构而退化,涂层与基体材料热膨胀率不同更加剧了这个问题。最后,连接层的质量不足以抑制涂层下面钢材的腐蚀,引起涂层开裂和剥落。

最新解决方法:HVAF 增硬不锈钢涂层。用 HVAF 工艺喷涂奥氏体不锈钢涂层来代替传统等离子工艺喷涂的陶瓷涂层,涂层厚度为 $0.5\sim0.8~mm$,如果需要,涂层厚度可以更大。用 HVAF 工艺提供的固态颗粒喷涂技术,产生致密、不渗透、无氧化和低应力的涂层。

中心压辊 HVAF 涂层特点:由于材料中铬的高度集中和钼的存在,以及涂层沉积时的高密度和无氧化物存在,涂层具有高防腐性能;由于钼和碳化铬及硅化物的弥散硬化,以及涂层相当高的内聚力,涂层当然地具有高硬度($600\sim650~HV_{300}$);由于涂层具有的高延展性,低应力和与钢辊结合的高初始连接力(在涂层厚度 1 mm 时超过 70 MPa),所以涂层可靠性非常高。产生的涂层可以像常规铸造加硬钢一样进行后加工。如果意外损坏或磨光,它也能修复。

压力引导辊和涂层部分:涂层的目的是提高辊表面的耐磨能力和提供释放性(抗黏性),该涂层与烘缸的情况类似。

2) 纸板生产线

生产线主要包括烘缸和引导辊(烘干部分),涂层类似于造纸生产线的烘缸部分。

(1)扬克缸:常用的药芯焊丝电弧喷涂(Fe‐Cr‐B‐Si‐C、纳米钢或 Armacor 型液态金属)。

(2)扬克缸滚筒:扬克缸滚筒涂层的目的是防止滚筒的磨损和腐蚀而导致纸张表面破损。滚筒的表面经过平面研磨或是机加工,在插头部分和开缸部分进行局部维修。而磨损严重的部分用金属涂层进行修复,如 420SS、Ni‐3Si 合金等。局部修复之后,滚筒被重新研磨,再进行喷砂,涂层研磨并抛光至 Ra 0.2 μm。以下涂层均被采用过,包括合金 625 或哈氏 C‐276,电弧或高压电弧喷涂;Cr_3C_2‐25%NiCr;钨碳合金 WC‐Co‐Cr;硬质金属(NiCrBSi)。

(3)引导辊:造纸行业的相关各种辊的尺寸都十分巨大,喷涂难度并不大,后加工及现场施工则是问题的重点与难点。HVAF 在美卓及 Voith 有过成功的案例,并且单位时间喷涂量大、沉积效率高、涂层性能稳定。

瓦楞棍涂层的目的是提高辊表面耐磨能力。新旧辊都可以喷涂,然而旧辊必须去掉之前的涂层(铬电镀层),并恢复其原有轮廓(焊接),才能进行涂层喷涂。常用涂层为 WC‐12Co,厚度为 150～250 μm,喷涂后粗糙度为 Ra 2.5～3.5 μm,以提供高摩擦系数。最终产品表面的粗糙度差别很大,有的 WC 涂层 Ra 1.6 μm,有的 WC 涂层粗糙度 Ra<0.2 μm,有的 Cr 涂层 Ra< 0.1 μm,所以 HVAF 的优势在于喷涂粗糙度较低(Ra 2.5～2.7 μm),需要更少的抛光。

常用辊尺寸为长度 10 m,直径 1.25 m,涂层厚度为 0.125 μm,涂层硬度为 1 200 HV_{300},材料 WC‐10Co‐4Cr 的粉末粒度为 20～45 μm,涂层粗糙度没要求。采用原有 HVOF 设备喷涂时,其喷涂速度为 4 kg/h,沉积效率为 30%～35%,两把枪同时喷涂,时间约为 16～18 h。

HVAF 的大送粉量是其特色之一,涂层每遍喷涂厚度 10～50 μm。单遍最大厚度是 50 μm,当进行平面喷涂时,单遍涂层厚度通常为 20～35 μm。当喷涂大辊筒时,不喷砂前提下每遍厚度最高可达 50 μm。当采用 HVAF 设备对长度 10 m、直径 1.25 m 的烘缸进行喷涂时,涂层的目标厚度为 0.125 mm,使用 AK07 喷枪、3L 喷嘴,WC - 10Co - 4Cr 粉末,粒度为 5～30 μm,可以实现硬度 1 250 HV_{300},送粉速度最高可以调达 31 kg/h,沉积效率可高达 50%。生产过程仅消耗了 160 kg 粉末,在总计不超过 8 h 的工作时间内,一把枪就完成原来 2 把枪的工作,效率提高了 2～3 倍,成本节约至少 15%～20%。

3) 刮刀

造纸行业刮刀喷涂一直是业内比较关注的应用。在试验时,将刮刀需要安装在轮上内环,近似于大的内孔喷涂,产品的周长约 11 m,所以需要尽可能地将夹具直径做大,甚至直接做到 3.5 m。比较常见的刮刀材料是 20 C,长条钢带形状,硬度约为 52 HRC,厚度为 0.381 mm。涂层厚度要求为 0.1 mm,涂层宽度约为 5 mm。对产品的最低要求是基体不能变形,比较常见的喷涂手法是将钢带装卡在一个直径 1 460 mm 的大轮子的工装上。

由于基体硬度约为 55 HRC,所以即使采用 HVAF 喷砂,也需喷 6 遍才实现目标粗糙度,为了降低对基体的热影响,喷砂距离为 220 mm。试验的喷涂参数及配置如下:AK06 喷枪,5L 喷嘴,空气压力为 88 psi,丙烷压力为 79 psi,氮气压力为 25 psi,氢气压力为 35 psi,燃烧室压力为 70 psi,基体温度控制在 80℃,喷涂距离为 240 mm,国产 WC 粉,但是喷完后,产品有些变形。为减少热冲击对基体温度的影响,尝试了 3 400 mm/s 的表面线速度。从喷涂后产品分析看,其变形是由于热输入及涂层应力,可能的处理方法有增加喷涂距离以减少热输入和更好地控制涂层应力。从样品的状态可以判断出,涂层是压应力,因为样品是向没有涂层的方向弯曲。

事实上,HVAF 样品的涂层都是产生压应力,有以下一些手段可以控制它们:不一定要在轮上进行喷涂,因为这种工装可能会增加想避免的应力,将刮刀基体装卡在厚金属条下进行平面喷涂最好;不要进行喷砂,曾试验在碳化物表面喷涂,但不喷砂,结合强度非常好,如果需要,可以在喷涂前用砂纸处理一下。事实上,虽然 HVAF 热喷砂比传统喷砂所带来的应力要小,但热喷砂工艺本身依然会带来比涂层还要高 3～5 倍的应力。还可以在喷涂之前在刮刀的反面喷砂,让它先向相反方向进行预变形,如果这么做的话,喷涂或喷砂时一定要用更低的枪压;喷涂时选用 AK06 喷枪,33 号喷嘴(更低热输入,防止过热),之前选用 5L 喷嘴是正确的,因为 5L 产生的应力会比 5E 的少 20%。但如果选择从另一面进行喷砂预变形工艺,这就没有那么重要,因为 5E 可以获得更好的结合强度和更好的涂层质量;喷涂的线速度为 900 mm/s,喷枪步进为 3 mm,喷距选用 200 mm,因为工件表面的温度越低应力越大,所以不要试图尝试冷却。表面温度对应力带来的影响远比 5L 与 5E 之间的差距要大得多;不要用粒度较大的 WC 粉末,其晶粒越大,在喷涂过程中带来的喷砂效应将更为明显,继而将产生更大的压应力。

由于美国此类应用并不多见,Andrew 对此方案并不是很确定,他继续强调他的观点:也许可以,但是从技术来说,尽管夹具的直径足够大,但从内部喷涂可能带来的麻烦会比从外面喷涂的麻烦大得多。不过,无论你准备怎么做,先试着在背面先进行喷砂。另外,尽可能降低涂层厚度,现在涂层的厚度是基体的 30%,这个厚度实在太容易引起变形。在长期的工作过程中,一些极为认真的态度与近乎苛刻地对技术指标的追求,加深了对设备及喷枪诸多技术性能的理解。以下便是一些细节,包括工件应该使用 AK5 喷枪来操作,而不是 AK06,不管使用 AK06 哪种型号的喷嘴都不合适,对于薄材基体需要对喷枪的总功率进行限制,只有这样才能把对基体的热影响降到最低;事实上,AK05 喷枪是针对向 0.6～0.7 mm 厚的钛箔薄材(直升机旋翼)喷涂 WC 涂层而研发的,之后进行了改进,将其用于手持喷涂、内孔喷涂等,直到后来演变成用 AK5 喷枪。

以下是 Kermetico 公司关于 AK5 喷枪的介绍及与 AK06 的比较:AK5 喷枪虽然燃烧室比 AK06 的要小,但是 AK5 的加热效果却不比 AK06 喷枪差,这是 AK5 喷枪的一个优点;由于 AK5 喷嘴具有较小的临界直径(长喷嘴内壁开始影响颗粒速度),所以它的喷嘴长度相对短些。目前只有 3 种喷嘴型号可供选择,其中还包括一款内孔喷涂的喷嘴,内孔喷枪需要缩短喷枪长度;因为 AK5 喷枪是小功率枪,如果采用同样功率的空气压缩机(空压机),那么 AK5 喷枪能设置到更高的燃烧室压力(125 psi 的空压机能增压到 105 psi),喷枪内没有冷却空气出口,这样会影响喷枪内部的气压。这也是为什么采用同样的空压机,但 AK5 喷枪燃烧室内气压能达到更高的原因(通常可以达到 80～85 psi,而 AK06 只能达到 70～75 psi);AK5 喷枪没有宽口注粉器,它的粉末束流被调节到很窄。所以 AK5 喷枪可以稳定地进行金属粉末的喷涂,但是 AK06 枪就不一定行，因为 AK5 是低功率喷枪，不需要很快的横移速度，所以即使注粉器较窄也没问题。

　　AK5 ID 与 AK06 喷枪喷涂的涂层质量区别：两把枪粉末的不同表现，由于限制喷嘴长度的原因，如果采用同样的粉末（5～30 μm 粒度的 WC 或 11～45 μm 粒度的金属粉末），AK5 喷枪的涂层不如 AK06 的好。AK5 喷枪所获得的 WC‐10Co‐4Cr 涂层硬度通常是 1 200～1 300 HV_{300}，而 AK06 喷枪的为 1 400～1 550 HV_{300}。对 AK5 的喷嘴进行了扩大，获得了硬度高达 1 550 HV_{300} 的气密涂层，但沉积率实在太低；如果使用粒度更小的粉末或更致密的粉末，AK5 喷枪涂层质量能得到提高（致密 WC），虽然后者是一种成本较高的粉末，但因其沉积率及涂层质量表现极好，也因此得以拥有一定市场份额。

　　AK5 喷枪可以用以下特点来进行概括：操作简单方便，成本低。低功率喷枪，配套更小的空压机、更低要求的排气通风系统。对工件的旋转速度要求不高，无须快速横移。每道喷涂之间对工件的冷却时间要求较短。生产率是 HVOF 的 3 倍以上。很明显，对于薄壁基体、小直径工件、燃烧室、管道、容器等工件的喷涂，小功率的 AK5 喷枪在高速喷涂科技时代几乎没有竞争对手。增加喷嘴的内径（扩展），将明显地影响到沉积效率。AK07 是 1.0 mm/遍，AK06 是 0.8 mm/遍，AK5 是 0.7 mm/遍，当喷嘴的内径变化大于这些数据时，涂层的沉积效率开始下降。它依然可以继续用，但其类型已经发生变化，比如它可能已经从 5L 喷嘴变成了几乎成为 5E 喷嘴的规格。由于冲蚀的原因，喷嘴的内径扩张会获得更高的颗粒速度。其涂层质量提高，但沉积效率下降。这样，从质量角度来说，用旧的喷嘴变得更好，但是成本却大大提升。在进行 HVAF 喷砂时，将出现喷嘴较为严重的磨损，如果只用于喷砂，AK07 的喷嘴寿命约为 50 h，AK06 的喷嘴约为 10 h，而 AK5 大约只有 1.25 h。如果是喷涂碳化物，AK07 枪在使用 50 h 之后几乎测量不到尺寸的变化，它的使用寿命超过 100 h。AK06‐5E 喷嘴内径的磨损率约为 0.005 mm/h，按这个比率推算，其寿命应该至少在 0.8 mm/0.005 mm/h＝160 h。AK5‐150L 喷嘴的磨损率约为 0.008 mm/h，按这个比率推算，其寿命约为 0.7 mm/0.005 mm/h＝87.5 h。所有喷嘴的寿命都将可能延长。

　　某客户有一台 37 kW 的空压机，也就是 50 hp，用它来给 AK5 喷枪供应压缩空气应该足够。但对客户想用自己的送粉器的想法并不是很赞同，因为如果控制系统不能同步,在喷枪进行冷却期间粉末进入了氮气是非常危险的。但这对 HVOF 并不是问题,因为氮气气路是用质量流量器控制的,粉末进入流量计则极容易损坏它。因为这个原因,我们在送粉器之前装有滤筒过滤阀。如果客户确认,自己可以装,不是问题,否则,绝对不能同意。而且,即使客户使用已有的送粉器,也必须是 150 psi 的高压送粉器。关于采用称重方式来控制送粉器的精度问题,事实上,只有在较低的送粉量(0.5~3 kg/h)才比较精确。当大于这个送粉量之后的送粉精度时,转盘式的送粉器并不比称重式差多少。所以一般情况下没有必要,但要取决于客户对涂层厚度精确程度的要求,然后才能最后确认。我们做了个测试,让 AK5 枪是在 100 psi 枪压下工作,没有燃烧时(宽开模式),是 240 SCFM[①]($6.8 m^3/min$);喷枪正常操作时,180 SCFM($5.1 m^3/min$)。现代的空压机,50 hp = 37.3 kW 的功率,要实现 240 SCFM/125 psi 完全不是问题。AK5 点枪时,用的是标准"燃料"模式,先打开燃料通道,然后加入空气,点火。只会在"宽开"枪模式下运行 2~3 s。也就是如果空压的效率足够(现代版空压机),则 37 kW 可以正常保证喷枪运行;如果空压机太旧,它依然可能运行 AK5,只是在安装时,一定要尽量减短空压机的管路,包括阀、过滤器、后冷却器、弯头等;注意,由空压机产生的空气流通常都在 1 bar[②] 大气压下生成,这也是在空压机上能获得的最大压力。例如,Kaiser 牌 50 hp(37.3 kW)空压机确定可以生成 125 psi/240 CFM 的压缩空气。如果减小空压机出口处的压力,空气流量还会上升。同时应该注意的是,我们的控制可以设置为在不同参数之下点枪的参数(点火窗口)。例如,我们可以将点枪的压力设置在 85 psi 空气输出上(配有相对应的丙烷),完成点枪后,再调回正常的喷涂参数。操作人员可以设置参数调回时间,即多长时间之内(1~10 s)将点火压力调回到正常的工作压力。称重送粉器只有在小送粉量时有效,如在较低的送粉器转速下,比如 Thermach 送粉器在 3 r/min 时。当处于较高转速时,"重力"控制将毫无用处的原因是转速造成的误差已经成为主要影响因素。AK5 的送粉器转速设置可以在 10~15 r/min(不低于 10~15 kg/h 送粉量的 WC - 10Co - 4Cr)。在这种转速下,根本没有必要加入质量控制。

---

① 1 SCFM(标准立方英尺每分钟)$\approx 0.028\ 316\ 8\ m^3/min$。
② 1 bar(巴)= 10^5 Pa。

备件的寿命可以做如下预估：M150L 喷嘴在 10～15 kg/h 送粉速度下，可以工作约 60 h；陶瓷片至少可以工作 500 h 以上；燃烧室可以工作 500 h 以上；注粉器可以工作一年以上；点火塞可以工作 3 个月；送粉管接头可以工作 2 个月；送粉管可以工作 6 个月。采用 AK5 枪喷涂 WC 时，将采用 M150L 喷嘴。当喷涂如 5～30 μm 的细晶粒粉末时，如 Amperit 558.059，其硬度约为 1 300～1 350 HV_{300}，沉积效率约为 40%（燃烧室压力为 77～78 psi）。当增加燃烧室压力时，其硬度会略有提高，但沉积效率却会下降。反之，当降低燃烧室压力时，硬度下降而沉积效率则会上升。当将粉末换为超细晶粒的 WC 烧结团聚粉末（Amperit 556.059），或是松装密度更高的及超细的碳化物粉末时（Dur 135.091 μm，粒度 2～10 μm），无论是涂层硬度还是沉积效率都会略有提升。当使用 5～22 μm 的细粉或超细晶粒的粉末时，也会提高涂层硬度及沉积效率。当喷涂空间不足以施展 M150L 时，我们则采用 M100L 这个规格的喷嘴喷涂 WC - 10Co - 4Cr，它只应用于内径的喷涂。该喷嘴的沉积效率约为 43%～45%，硬度为 1 200～1 250 HV_{300}。关于"喷嘴宽度"，我们把它理解为喷涂点的大小或者需要在喷涂轨迹之间切换的宽度。从这个角度理解的话，与大规格喷枪相比，其喷束就相当窄了。喷枪步距为 1.5～1.8 mm（每次旋转或每线之间），以获得均匀的涂层厚度分布。这是推荐的 120～150 mm 的喷涂距离。枪的横向速度为 400～500 mm/s。在 200～230 mm 的喷涂距离时，粉末喷射变得更宽，因此实现 2.5～3.5 mm 步距是可能的。横移速度可以降低到 350 mm/s。我们有少数客户会使用这种大距离的手持方式喷涂。我们没有这些参数下 WC 涂层质量的数据，当然，结果肯定不会太好。作为参考：老版 AK05 喷枪：在 180 mm 处喷涂 NiCrBSi 合金，硬度为 730 HV_{300}，但在 280 mm 处距离喷涂时，其硬度仅为 655 HV_{300}（金属可以在比碳化物更长的距离处喷涂）。对于金相孔隙率而言，低于 1% 的所有孔隙率都是不可测量的，研磨/抛光过程中的拔出产生了 0.5%～1.0% 的可见孔隙率（这更多地取决于技术人员的经验，而不是实际孔隙率）。因此，美国（航空、石油和天然气）的 WC 涂层规格从来不标注小于 1% 的"金相孔隙度"。AK5 喷枪在喷涂 5～30 μm 的 WC - 10Co - 4Cr 粉末时速度可以达到 740～960 m/s，喷嘴和燃烧室压力不同，速度有所差别。而对于 AK06 和 AK07 枪来说，5～30 μm 粒度的 WC - 10Co - 4Cr 粉末可实现涂层性能包括在颗粒速度为 800～850 m/s 的情况下，沉积率可达 50% 以上，硬度可达 1 150 HV_{300}；在颗粒速度为 940～

960 m/s 的情况下，硬度可达 1 500 HV$_{300}$，但是沉积率会下降到 40%～42%；在颗粒速度达到 1 020～1 080 m/s 时，硬度可达 1 600 HV$_{300}$，但沉积率会下降到 32%。

关于注粉器和注粉器衬套。它们成对出现：3 号注粉器和 3 号注粉器的衬套，33 号注粉器和 33 号注粉器衬套。现在，如果在 AK06 喷枪上安装了 3 号注粉器（带衬套 3），则他们只需要订购 33 号注粉器配件。反之亦然。注意，衬套不是耗材，注粉器"理论上"是消耗品，每个都能使用 2 年。

关于粉末软管和配件：建议购买散装软管，比如说长度 30 ft[①] 左右。以及一对装配组件，注意不要重复使用装配件。这样，客户就可以制作所需长度的软管，并在将来进行维修。H33603 软管并不是性能最好的软管。此外，它的工作温度太低，它用尼龙制作，如果出了问题很容易烧毁。但这种软管在野蛮施工条件下非常耐用，如反复踩踏，也便于切割、耐磨损等。因此，它是现场喷涂一种很好的选择，如果订购此种软管，请订购一对或两个可重复使用的接头。FEP 型（氟化乙烯丙烯）软管性能更好，使用温度高，耐磨性最好，持久性更好，摩擦系数低。然而，与上述尼龙管类似，它可能会由于静电积聚而导致粉末脉动，在管路较长时很明显。现在，它配备了钢配件，性能最好和非常耐用。订购此种软管时，需订购一对接头组件 9100X522215、一对螺母 K523 和 10 个钢制后套管 K507（修理软管时只需更换零件）。新软管斑马，类似于 FEP（耐磨性稍低），但导电。这种软管最利于顺利输送粉末，但它比 FEP 更昂贵。

7.7.3　应用展望

在造纸行业，HVAF 技术凭借其卓越的耐磨、耐腐蚀性能，展现出广阔的应用前景。造纸设备如纸浆泵、压榨辊等长期处于高湿度和腐蚀性环境中，传统涂层难以满足防护需求。HVAF 技术可为这些关键部件提供高硬度、低孔隙率的涂层，显著延长设备使用寿命，减少维护成本。同时，其高效喷涂工艺能够缩短停机时间，提升生产效率。随着造纸行业对绿色生产与设备可靠性的要求不断提高，HVAF 技术有望成为造纸设备表面处理的重要手段，助力行业实现高效、可持续发展。

---

① 1 ft（英尺）=0.304 8 m。

1）技术创新与升级

随着科技的不断进步和市场需求的变化，HVAF 技术将不断进行技术创新与升级以满足造纸行业的新需求。例如开发新型喷涂材料以提高涂层的综合性能；优化喷涂工艺以提高涂层的均匀性和结合强度；引入智能化控制系统以实现喷涂过程的自动化和精准化等。这些技术创新将进一步提升 HVAF 技术在造纸行业的应用效果和推广范围。

2）绿色环保与可持续发展

在全球环保意识的不断提高下，绿色环保与可持续发展已成为各行各业的重要趋势。造纸行业作为能源消耗和碳排放量较大的行业之一，也将更加注重环保节能和可持续发展。因此，HVAF 技术将更加注重环保性能的提升，如采用环保型喷涂材料、优化喷涂工艺减少能耗和排放等，以满足造纸行业的环保需求。

3）拓展应用领域

除了传统的烘缸、卷纸轴和中心压辊等部件外，HVAF 技术在造纸行业的应用领域还将不断拓展。例如，可以将 HVAF 技术应用于造纸机的其他关键部件，如对压榨辊、导辊等进行表面强化与防护以提高设备的整体性能和使用寿命；还可以将 HVAF 技术应用于造纸原料的处理过程中，如喷涂耐磨耐腐蚀涂层于切割刀片等工具上，以提高原料处理效率和降低能耗等。这些拓展应用将进一步发挥 HVAF 技术在造纸行业中的重要作用，并推动行业的技术进步和发展。

4）推动行业标准制定

随着 HVAF 技术在造纸行业的广泛应用和推广，制定并完善相关行业标准将成为未来的重要任务之一。通过制定行业标准可以规范 HVAF 技术的应用过程和质量要求，确保喷涂涂层的质量和性能达到统一标准；同时也有助于推动整个行业的健康发展和技术进步。因此，未来需要加强行业间的合作与交流，共同推动 HVAF 技术在造纸行业中的标准化和规范化发展。

综上所述，HVAF 技术作为一种先进的表面处理技术，在造纸行业中具有广泛的应用前景和重要的应用价值。通过喷涂耐磨、耐腐蚀等高性能涂层，HVAF 技术可以显著提高造纸设备的性能和使用寿命，降低维护成本和提高生产效率；同时，也有助于提升纸张的生产质量和一致性，满足市场对高品质纸张的需求。随着技术的不断创新和升级，以及环保节能和可持续发展理念的深入推广，HVAF技术在造纸行业中的应用将更加广泛和深入，为推动造纸行业的技术进步和发展做出更大的贡献。

7.8　特殊金属涂层

特殊金属涂层是指在基体表面通过某种喷涂工艺方法涂覆一层特殊金属材料，以改善其性能、耐久性及外观。这类涂层在多个领域具有广泛的应用，如电子、航空航天、医疗器械和汽车工业等，它们能够有效提高产品的抗腐蚀性、导电性、耐磨性和美观性。

常见的特殊金属涂层类型包括铜涂层、锡涂层、锆涂层、铁涂层和钛涂层等。铜涂层以其优良的导电性能和抗氧化特性被广泛应用于电子元件的连接和表面处理；锡涂层则常用于防止金属的氧化和腐蚀，在食品包装和电气连接中尤为重要；锆涂层在耐高温和抗腐蚀的应用中表现突出；铁涂层则常用于增强材料的强度与耐磨性；而钛涂层以其卓越的抗腐蚀性和生物相容性在医疗行业中受到青睐。

7.8.1　铜涂层

铜涂层作为一种特殊金属涂层，因其优越的导电性、耐腐蚀性及良好的结合性能广泛应用于电子产品中的导热涂层、铝散热器上的钎焊层、钢铁厂退火辊上的高导电层。在制备铜涂层时，选用的原材料为水雾化和氢还原铜粉，这种铜粉的氧气含量控制在0.15%左右，氢气含量保持在0.02%左右，确保了涂层的高纯度及优异的性能。

涂层的性能是评估其使用价值的重要指标。在金相分析中，涂层的孔隙度控制在小于1.0%，这表明涂层具有极高的致密性，几乎没有微孔，能够有效防止气体和液体的渗透。此外，该涂层在硬度上表现出色，测得的硬度范围为120~180 HV_{100}，确保了其在高机械应力环境下的耐磨性。氧含量的质量百分比为0.30%~0.40%，这一值的控制意味着涂层内部极少形成氧化物，进一步增强了它的耐腐蚀性能。

铜涂层本质上是致密无氧化的，其物理性能与铜块相当，提供了优良的导电性,确保电流在涂层中传输时的低损耗。同时,这种涂层与基材如钢和铝之间保持了良好的结合性,保证了其在实际应用中的稳定性和可靠性。

为了更直观地理解涂层的特性,典型的横截面显微照片(见图7‑21)展示了铝基板上的铜涂层细节。从图中可以观察到,涂层与基材之间形成了良好的结合面,且表面光滑无明显缺陷,这进一步证明了涂层的高质量及致密性。

图 7‑21　铝板上的铜涂层

铜涂层凭借其优异的物理性能、低孔隙率和高硬度,在多个应用领域中展现出无与伦比的优势,是实现高性能产品的关键材料之一。随着科技的进步,未来铜涂层的应用范围将更加广泛,值得进一步深入研究和开发。

7.8.2　锡涂层

锡涂层由于其优异的抗腐蚀性和良好的焊接性能,被广泛用于电子元件、汽车零部件及某些食品包装等领域。图 7‑22 为 S05 枪在 GEA 螺纹上喷涂 $100/1~\mu m$ 的锡粉末涂层的电镜照片。

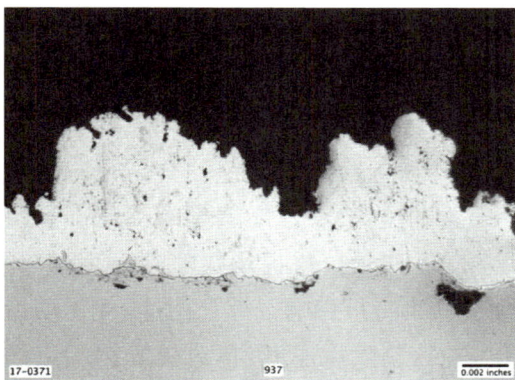

图 7‑22　S05 枪在 GEA 螺纹上喷涂 $100/1~\mu m$ 粉末涂层电镜照片

目标厚度为 $25\sim50~\mu m$ 的锡涂层随着喷涂工艺的变化,其覆盖性能的好坏直接影响了涂层的有效性。通过图 7‑22 的分析可知,使用这种粉末涂层时,其表面覆盖范围并未达到理想状态,部分区域的涂层厚度甚至接近于零。这一现象提示,在实际应用中,涂层均匀的重要性不容忽视,均匀的涂层能够有效提高其性能,确保材料的稳定性。

147

值得注意的是,带有此类锡涂层的锁环在使用过程中经过100次旋紧/松开的循环,仍能保持良好的功能性。这与火焰喷涂技术形成了鲜明的对比,后者的涂层在仅经过一次循环后便出现了明显的失效——每次拆卸锁紧螺母后,必须重新进行喷涂。这种情况为我们提供了直接的对比,使我们能够更好地理解不同喷涂技术之间黏结强度的差异。

通过这些观察结果,可以发现HVAF(高速度气体喷射)涂层在黏结强度方面显著优于传统火焰喷涂。这意味着HVAF技术能够提供更为均匀且致密的涂层,从而提高了涂层的耐用性和功能性。尤其在涉及重复使用的场合,如锁环的旋紧与松开过程中,HVAF涂层表现出的高黏结强度能够有效降低材料的失效风险,增强组件的整体可靠性。

这一案例不仅展示了锡涂层在特定应用中的重要性,还突显了选择适当涂层技术的重要性。涂层的均匀性与黏结强度直接影响其在实际工作条件下的表现,HVAF涂层的优势为我们提供了新的思路,提升了材料表面处理的技术水平。

在锡喷涂过程中,表面质量的稳定性和喷涂效果的均匀性是至关重要的。首先,喷涂设备的选择对最终涂层的特性有显著影响。例如,使用类似AK07这样的大功率喷涂枪时,喷涂过程往往会迅速出现斑点现象,通常称作“蛤蟆皮”,这是因为大功率枪在工作时喷涂速度过快,导致锡粉未能均匀沉积在基材表面。

为了改善喷涂效果,选择粒度范围更窄的锡粉显得尤为重要。在试验中,当使用$-63/+5\ \mu m$范围的锡粉进行喷涂时,同样出现了蛤蟆皮现象,表明即便是更细的粉末也不能避免因喷涂技术限制而导致的表面质量问题。因此,控制喷涂粉末的粒度范围,尤其是在更窄范围内,虽然在一定程度上可以提高涂层质量,但仍需综合考虑喷涂工艺的控制。

进一步的试验表明,喷涂Sn-5%铟的粉末,其粒度为$-63/+30\ \mu m$,在喷涂厚度达到$75\ \mu m$时未观察到斑点现象,但当喷涂厚度增至$150\ \mu m$时,斑点现象则显著增加,且数量较多,如图7-23所示。这提示在喷涂过程中,除了粒度外,涂层的厚度也对最终的表面质量有直接影响。综上所述,优化喷涂工艺,如选择合适的喷涂枪和粉末粒度,并控制喷涂厚度,将对提升锡涂层的表面质量起关键作用。

除了喷涂距离、燃烧室压力等重要影响因素之外,要完全覆盖表面,涂层厚度必须是平均粒度的 3 倍。假设我们采用 −63/+30 μm 粉末进行喷涂,则涂层厚度必须为 100~120 μm 才能实现完全覆盖。要在满足"杆扭转试验"中的试验要求,涂层必须很薄,不超过 20~25 μm。这意味着,粉末粒度必须为 8~10 μm。但用这样细的粉末可能出现的斑点(蛤蟆皮)是非常可怕的。

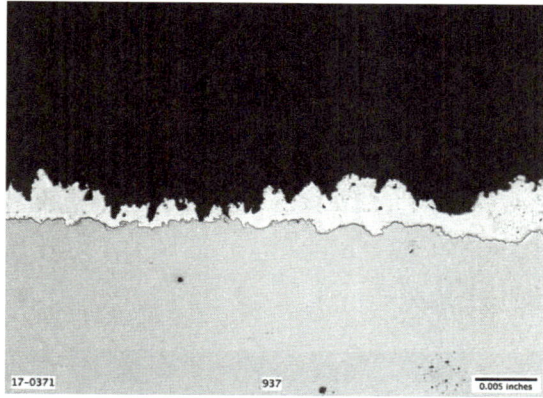

图 7‑23　喷涂 Sn‑5%铟涂层的电镜照片

7.8.3　铝涂层

铝涂层因其优良的抗腐蚀性、导电性和导热性,广泛应用于航空航天、汽车工业、电子设备以及建筑等领域。在航空航天领域,铝涂层用于提高结构件的耐腐蚀性能,从而延长使用寿命。在汽车工业中,铝涂层能够减轻车身质量,进而提高能效和性能。此外,铝涂层在电子设备中用于散热管理,以确保器件在正常工作温度下稳定运行。

在这些应用中,采用 HVAF 技术制备的铝涂层具有高致密性和低氧化物含量,显著提升了涂层的性能。这种涂层不仅能有效抵抗环境因素的侵蚀,还能够提供较好的机械强度和附着力。

1) HVAF 制备高致密低氧化的铝涂层

美国 Kermetico 公司的 Acukote HVAF 系统可以高效制备具有高结合强度、高致密性和低氧化的铝涂层。HVAF 工艺中氧气含量较低,再加上均匀高速度的颗粒是形成高致密度和高结合强度涂层的原因,这些特点使得利用 HVAF 设备制备很厚的铝涂层成为可能。

2) 高速喷涂系统制备铝涂层

大量发表的论文在专注于通过 HVOF 和冷喷涂工艺喷涂铝涂层,表明现代工业需要一种方法来形成致密的、低氧化的铝涂层。具有这种性能的喷涂复合铝涂层用于修复/重建磨损的轻型部件,形成具有高导电性的耐腐蚀层,保护镁基板,并用于增材制造。目前为止还没有人针对铝涂层的 HVAF 制备做很深入的研究,我们也只是在工厂制备铝涂层,并生产专门用于低熔点材料喷涂的 HVAF 高速喷涂设备。

3) HVAF 高速喷涂系统制备铝涂层的性能

Kermetico 公司的 HVAF 设备可沉积块状结构铝涂层,结合强度高,涂层氧化含量低。铝粉标称成分为铝 99.5%;铝涂层的性能指标为金相孔隙率 <1.0%;硬度为 105 HV_{300};最高工作温度为 500℃;最大涂层厚度(制备态)为 12 mm(0.500 in)及以上。图 7-24 为典型的 HVAF 铝涂层的低倍和高倍横截面电镜照片。

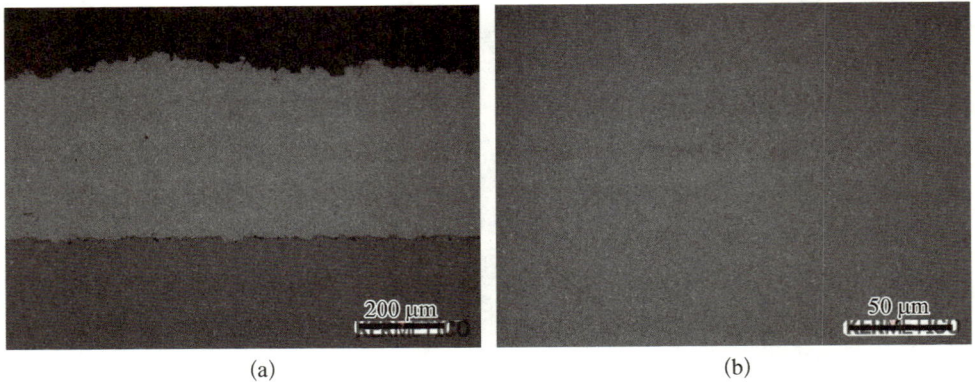

(a)   (b)

图 7-24 典型 HVAF 铝涂层的横截面低倍电镜照片

(a) ×100;(b) ×500

4) HVOF、HVAF 和冷喷涂方法对纯铝涂层的喷涂效果的比较

铝的熔点为 660℃,沸点为 2 470℃,商用 HVOF 系统的设计不适合处理低熔点的金属。典型的燃烧温度从氧煤油燃烧的 3 100℃ 到氧氢燃烧的 3 200℃ 不等。两者都大大高于铝的沸点,这就产生了铝在燃烧室或喷嘴内完全蒸发的风险,喷嘴上的铝冷凝物堆积导致铝涂层堵塞和过量氧化,这些风险使得 HVOF 喷铝成为一个不合适的选择。

铝的冷喷涂沉积比锌、铜等其他软质材料的冷喷涂沉积更难。这是由于其高热容量,使其更难以在撞击过程中受到剪切不稳定条件的影响,尽管其具有其低熔点和低屈服强度。一些好的沉积铝样品是由不同研究人员制备的,过高的冷喷涂工艺制备成本使这种工艺对于工业应用来说显得过于昂贵。Kermetico 公司的 HVAF SL 喷枪是专门为喷涂低熔点材料而设计的。

它具有以下特点:燃烧温度(1 960~2 100℃)低于铝的沸点,防止材料蒸发和过度氧化;惰性气体保护,减少被喷涂材料的氧化;大直径的喷嘴,防止喷嘴黏结;被喷涂颗粒速度高于 HVOF 的,喷涂颗粒能量高于冷喷涂的;与HVOF 或冷喷涂相比,更低的投资成本和更低的运营成本;所有这些都使得铝涂层具有接近于零的孔隙度、气密性和高的结合力。

5) Kemetico HVAF 制备的铝涂层的典型应用

Kemetico HVAF 制备的铝涂层用于铝基、镁基或者其他轻质合金零件修复,镁基零件的腐蚀防护,功能性涂层和增材制造等。

2009 年,企业需要在铝合金上喷涂铝合金以实现其防腐的目的。主要信息如下:铝合金管的外径为 20~50 mm,管壁厚度为 1.2~2.5 mm,长度为2~6 m。铝合金粉末粒度为 30~60 μm,成分包括 80%Al、(5%~15%)Si、(2%~3%)Fe。考虑到成本因素,客户希望采用国产粉末。喷涂之后,铝管还需要打上一些直径为 15 mm 的小孔,涂层需要有能力承受该冲击力且不开裂。该铝管将作为石油行业的导流管,使用温度为 100℃ 以下。喷涂区域为半圆。每个月的处理量是 40~50 t。

涂层在冲击的开裂分析表明,如果涂层的厚度越薄,成功的机会越大。如果与 Al_2O_3 砂粒混合喷涂,其成功的概率将会更大。参考图 7 - 25 的 Al_2O_3 砂粒和铝合金混合喷涂涂层电镜照片,涂层中的 Al_2O_3 砂粒不会影响涂层的耐腐蚀能力。相反,它将大大提升涂层的结合强度,而且可防止涂层堵塞喷嘴。同时极大提升涂层工艺的重复

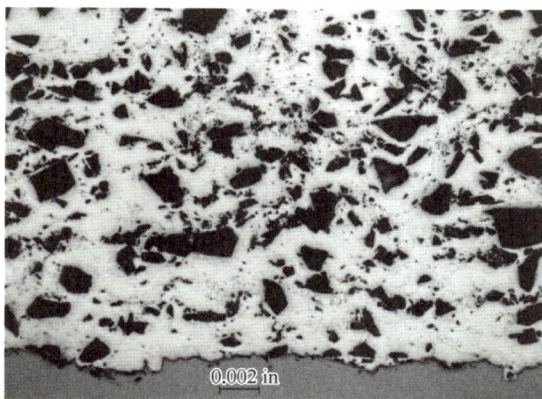

图 7 - 25 Al_2O_3 砂粒和铝合金混合喷涂涂层电镜照片

性与稳定性,这也正是此类工艺可以如此大规模使用的原因。

如果工件本身是半圆管形,先将它组装成圆管形,然后进行喷涂。这是最经济的手段,涂层性能也会是最好的。将这些半形管组成一排,然后进行类平面喷涂,分 3 个角度进行喷涂。

铝合金粉末,成分包括 80%Al,(5%~15%)Si,(2%~3%)Fe,是一种钎料,其熔点为 500~600℃。从技术角度来说,客户认为此类涂层能采用冷喷

涂的可能,但成本偏高。所以,客户希望如果 HVAF 能够实现低氧含量的涂层,并在冲孔时不破坏涂层,将是最理想方案。客户对喷涂后涂层是否会变形,以及对喷涂的生产速度、沉积效率,生产成本比较关心。如果采用与 Al_2O_3 砂粒混合喷涂的方案,涂层剥落可能性变小。如果工艺操作正确,即使涂层厚度达到 $1.5\sim2.5$ mm 也不会导致涂层变形,涂层的沉积效率很高,如果是热模式,将超过 80%;温模式有 $60\%\sim70\%$;冷模式只有 50% 左右。所以,从综合性价比来评估,也许温模式是最佳的工艺选择。如果是单斗送粉器,喷涂速度为 $8\sim9$ kg/h。如果需要,我们可以改装为双斗送粉。如果与 Al_2O_3 同时进行喷涂,喷涂速度将会减半。

客户的合金粉末是一种钎料,如果只是为了钎焊,不需要耐腐蚀的能力。他们喷涂之后,再冲直径为 15 mm 的孔,之后再用钎焊将不同管子焊在一起。所以,喷涂过程中不能用氧化铝,涂层是也不能有氧化铝成分。铝粉喷涂前,可以像喷 WC 那样放在烘炉里,以提高其流动性,在喷涂铝粉时,需要混入砂粒,如果流动性依然不好,其最大的原因可能是细粉过多。当细粉较多时,喷涂距离一定不能太远,否则将会堵住喷嘴甚至燃烧室。通过粉末流与喷枪的配合,每遍喷涂至少可以提供 20 μm 涂层沉积。如果低于这个数据,一定会出现喷砂效应,即将已经沉积的涂层打掉。此时可以将 Al_2O_3 的体积比降到 30% 以下。同时可以考虑减小砂粒的尺寸。通常建议喷铝的粉末粒度为 $20\sim60$ μm。

铝粉喷涂注意事项:喷涂颗粒的形状(粉末制造方法);细粉必须去除,建议粒度为 $25\sim63$ μm;喷涂距离是首要因素,可以控制在 $200\sim250$ mm。运载气体大小将影响颗粒的加热,如果运载气体过大,比如超过表上显示数据超过 60,粉末的束流也将变大,此时堵嘴的可能性将会增大。燃烧室最大压力(空气出口压力),配合较低的丙烷。在这种参数设置时,将可能看到粉末流。

7.8.4　铁涂层

铁涂层在工业中具有重要应用,尤其在防腐蚀、增强耐磨性以及改善表面性能等方面。通过 HVAF(高速度火焰喷涂)技术制备的铁涂层,由于其具有较高的致密性和较低的孔隙率,能够显著提高涂层的耐磨性和抗腐蚀性能。这使得 HVAF 铁涂层在机械零部件、管道、桥梁,以及其他结构件的防护中得到了广泛应用。

在石油领域,HVAF 制备的铁涂层具有许多重要的应用。由于石油行业的设备和管道常常暴露在恶劣的环境中,例如湿度、盐水和化学物质。而 HVAF 铁涂层具有优良的防腐蚀性能,能够有效保护金属基材免受这些侵蚀因素的影响,从而延长设备的使用寿命。在钻井和开采过程中,设备和工具常常面临高磨损环境,例如钻头和泵的磨损。HVAF 制备的铁涂层可以显著提高这些部件的耐磨性,减少磨损和失效的风险,从而提高生产效率和降低维护成本。在石油加工和运输过程中,某些设备可能面临高温环境。HVAF 铁涂层可帮助改善部件的热稳定性,减少热传导和热应力,从而保护设备在关键操作条件下的性能。凭借其高度致密的涂层结构,HVAF 铁涂层能够提高设备在极端工况下的可靠性,降低故障率,确保石油开采和加工过程的连续性和安全性。虽然 HVAF 制备涂层的初期投资可能较高,但其在延长设备使用寿命、减少维护频率和提高操作效率等方面的优势,能够带来相对较低的生命周期和成本。

接下来的内容将会更详细地探讨 HVAF 铁涂层在具体设备和场景中的应用案例,以及未来在石油领域的技术发展趋势和挑战。这将有助于了解 HVAF 技术如何在提升油气行业的生产效率和设备可靠性方面发挥重要作用。案例基体材质是 20CrMo 或贝氏体不锈钢。期望的涂层硬度是 $36\sim50$ HRC。采用传统喷涂 Ni 基合金重熔时的硬度通常是 $55\sim60$ HRC,不过客户将 Ni 合金的成分做了一些调整,以满足 $36\sim50$ HRC 硬度的需求。由于成本的压力,客户对生产效率与成本比较敏感。

以下为我们推荐的解决方案。

(1) 不锈钢:Fe-16Ni-28Cr-4Mo-1.8C,同样,按 HVAF 技术特点与 Al_2O_3 砂粒混合,硬度为 52 HRC。这种涂层设计在潜油电泵和冲蚀、H_2S 腐蚀非常严重的电机、钻井泵体上使用效果非常出色。其涂层厚度为 $150\sim250~\mu m$,涂层的韧性非常好,可以抵抗住长达 10 m 的泵体带来的变形,粉末成本约 $10\sim14$ 美元/磅。

(2) Inconel 718:Ni-18Cr-18.5Fe-5Nb-3Mo,该涂层硬度约为 40 HRC,粉末成本约为 22 美元/磅,涂层具有极强的耐腐蚀能力,耐冲蚀能力略差。

(3) 还有一些镍基合金也可以满足其耐腐蚀的需要,如 Hasteloy C、Inconel 625 等,但涂层硬度较低,在 20 HRC 以下,所以它们可以与 Cr_3C_2-25NiCr 混合喷涂,但是成本却将因此而急剧上升。我们比较推荐第一种解决方案,且硬度比客户预期的略高。

7.8.5 钛涂层

钛涂层，一直是很多客户关心的一个话题。2008 年前后，Andrew 就曾做过几个钛涂层的样品，当时涂层的孔隙率可以达到 2%～3%，涂层氧含量在 3%左右。当时的说法，如果客户有研发经费，则有能力通过气体保护罩的方式将氧含量控制在 2%甚至更低。

我们进一步改进了标准喷枪，将燃烧室压力提高了 10 tbf/in²①，现在超过 65 tbf/in²，而我们之前的最高出口压力为 93 tbf/in²，平均只有 52～54 tbf/in²。主要结果是颗粒速度的增加，涂层质量进一步提高。现在无法用洛氏硬度计测量 WC 涂层的硬度，因为它太接近最大理论值 100 HRA，压头开始反弹，只要涂上任何涂层，我们的气体渗透性测试仪便不能测量任何东西，希望这将有助于获得无孔率钛涂层，喷涂钛粉的沉积效率不低于 50%。

国内航运相关的研究机构对于钛涂层的进展都非常有兴趣。国内某研究所在钛的形成和结构方面是强项，但对于喷涂涂层却很弱。他们已经制定了冷喷涂的预算，主要目标是钛涂层。另一位用户一直试图为海军解决相关问题，他们对钛涂层保持了多年的兴趣。但是找不到合适的解决方案。这两种材料对于我们的钛应用客户来说都是很有潜力的，他们关心研究的最新情况，如涂层中含氧量、孔隙率、穿孔的最大厚度、腐蚀性能等。同时，他们关心的是美国或俄罗斯在航运业中钛涂层的应用，似乎俄罗斯很流行使用钛结构作为船舶的耐腐蚀材料，如图 7‐26 所示。

图 7‐26　钛结构作为船舶的耐腐蚀材料

---

① 1 tbf/in²（磅力/平方英寸）＝6.894 757×10³ Pa。

因该项目潜力巨大,成本也是客户重要的考量因素,因此,我们决定购买国产粉末,以确保未来的使用成本在可以接受的范围。目前并未发现钛涂层在美国海洋领域的应用,至少没有商业化。图 7 - 27 为某客户(化工厂)在钛基体上喷涂 4 mm 厚的钛涂层的电镜照片。

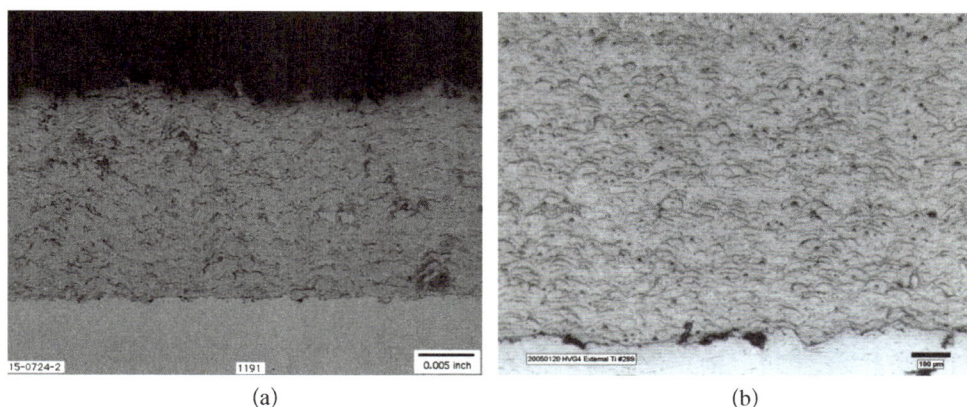

图 7 - 27　钛基体上喷涂钛涂层的截面显微形貌

(a) 低放大倍数;(b) 高放大倍数

7.9　靶材

国内的不少客户对高速燃气喷涂靶材极有兴趣,所用材料为铝、锌、锌铝合金。客户希望了解高速燃气喷涂靶材时的喷涂速度、沉积效率、涂层致密度、喷涂成本等所有相关细节。其中,将涂层的氧含量控制在 1 000 ppm 是他们极为重视的一项指标。让我们来看一下高速燃气喷涂技术是如何实现相关目标的。

锌和锌铝涂层在金属表面保护及防腐蚀领域中展现出优越的性能,相比于铝涂层,它们在某些应用中更容易实现。特别是高速燃气喷涂技术的进步,使得能够喷涂出极厚的涂层,厚度可达 6～9 mm,形成像狗棒骨一样的形状。这项工艺所需的稳定性和耐用性,使得对生产过程中关键因素的控制显得尤为重要。

尝试通过 HVAF 技术喷涂铬粉:我们曾经试喷过 325 目铬粉,没有沉积,铬具有相当高的熔点(1 890℃),高于 HVAF 中的燃烧温度。密度不高,为 7.19 g/cm³。因此,即使接近熔点,我们也无法加热它。理论上,它应该可以像冷喷涂那样沉积。但为此必须大幅度减小颗粒尺寸,并注意控制其被氧化,铬是非常活泼的金属,喷涂过程中即使很少氧化也会导致黏结失效。但经过所有这些努力之后,能够获得涂层沉积,但质量不会太好。

尝试 HVAF 技术喷涂氧化锌:ZnO 的熔点为 1 975℃,密度为 5.7 g/cm³。比铬更难加热。它是陶瓷,使它沉积的唯一方法就是溶化它。用现在的枪,我们可以使表面温度达到 1 500℃左右,比 1 975℃低得多,绝对不可能实现。为了喷涂那些高熔点材料,我们需要制造一种新枪。

关于铬涂层,用喷涂铬来代替硬镀铬的想法是错误的。即使我们能够喷涂铬,它将比 WC 喷涂成本更高。现在有许多硬面金属采用喷涂方法来代替硬铬,6AB 比铬合金具有更好的耐磨性。而且成本低。如果 6AB 没有足够高的耐腐蚀性(它只有 14%～15% 的 Cr),则可以使用非晶粉末。或者我们寻找 6AB 的升级替代粉,我们也可以以自己的铬铁制造粉末(只改变碳含量)。使用 HVAF 技术,也可以创建优秀且低成本的替代方案。随着技术的发展,我们在 2018 年推出了新一代 HVAF C 系列喷涂设备,进一步满足了靶材喷涂的需求。

7.9.1 合金靶材制备新工艺——HVAF 技术

传统合金靶标制备工艺主要是铸造法,但铸造法制备出来的靶材晶粒过大,容易出现晶体析出。为了实现更好品质的靶材,美国 Kermetico 公司推出了一型全新的制备工艺——HVAF 技术。合金靶材的制备有几项重要的指标,即靶材的氧含量、铁含量、靶标纯度和致密度,当然,靶材的制备效率与成本,也是从业者非常关心的问题。C7 HVAF/HVOF 喷枪的设计旨在不同工件结构的外表喷涂金属和金属碳化物涂层或材料沉积,如图 7-28 所示。

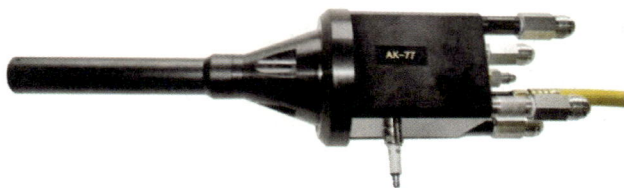

图 7-28 C7 HVAF/HVOF 喷枪

C7 HVAF/HVOF 喷枪通过空气-燃气燃烧产生的焰流,从而加热、加速并喷涂粉末。压缩空气和燃气的混合物通过催化燃烧用的陶瓷片上的小孔被注入燃烧室内(见图 4-8)。通过火花塞初次点燃混合物,致使陶瓷片燃烧并高于混合物自燃温度,炙热的陶瓷片即可不断点燃混合物。当压缩空气进入喷枪时,先冷却燃烧室。随后预热的空气用来混合燃气进行燃烧,另有一条额外线路的压缩空气冷却燃烧室前部和喷嘴组件。喷涂粉末轴向注入宽敞的燃烧室,此处气流非常缓慢,速度小于 40 m/s。这样粉末有较长的时间驻留在燃烧室内的高压热交换条件下,从而进行有效加热。作为精确加热的可选项,定量的高导热气体(氢气、氦气)可以注入送粉载气内。出燃烧室后,粉末被推进选定长度和形状的喷嘴内,此处加速到 600~1 000 m/s,当撞击到基体时,喷涂粉末形成涂层。

　　由于燃烧温度低,且粉末颗粒飞行过程中均在焰流中,所以在喷涂沉积锌、锌铝和铝合金时,HVAF 可以以极快的送粉速度,即 8~15 kg/h,以及 90% 以上的沉积效率制备喷涂极厚的涂层,达 6~9 mm 厚,像狗棒骨的形状,这项工艺需要极稳定耐用的工艺来实现,沉积过程如图 7-29 所示。

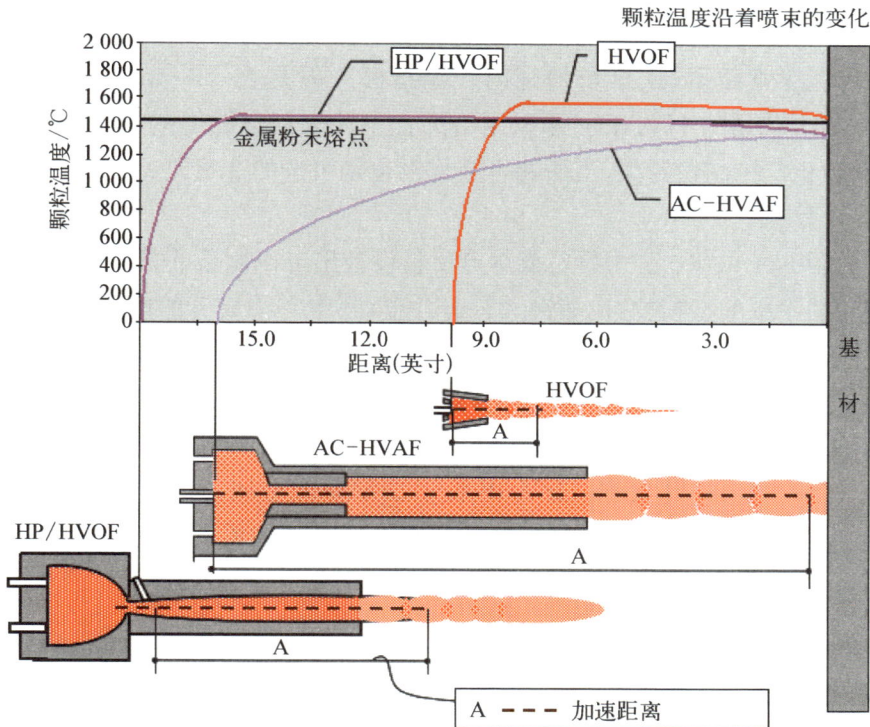

图 7-29　HVAF/HVOF 喷枪沉积过程

7.9.2　HVAF 制备靶材的重要特性与优势

在讨论 HVAF(高速度火焰喷涂)制备靶材的过程中,氧含量、铁含量和喷枪设计被广泛认为是影响涂层质量和性能的关键指标。过去的涂层技术常常面临氧化问题,这对涂层的抗腐蚀能力和附着力造成了显著影响。HVAF 技术的引入,为解决这些问题提供了新的思路和方法。

1) 氧含量

1 000 ppm(0.1%)的氧含量,并不是一项非常严格的指标。采用氢气作为辅助气体可以非常有效地实现目标,有助于控制氧含量,同时也具备导热功能。对铜合金来说是非常有效的。我们可以从选择合适的粉末开始:铝合金选用 20～70 μm 粒度,锌合金则选用 44～100 μm 粒度,粉体中都要求尽量低的氧含量。之后,我们通过喷枪相关硬件配置及参数调节,完成涂层氧含量的调节与制备。

2) 铁含量

对于靶材而言,铁含量也是一个非常重要的考量因素,因为燃烧室与喷嘴都有可能在燃烧过程中由氧化造成极少量的铁污染,所以确认产品对铁含量的要求也非常重要,铁含量的国内控制指标一般是在 100 ppm 以下。美国 Kermetico 公司的 HVAF 技术采用哈氏合金 X 来制备燃烧室、喷嘴等喷枪部件,以防止与控制铁污染,当然钨合金或铜也是可选的选材。

3) 喷枪的设计

美国 Kermetico 公司针对低熔点材料设计出可以制备非常纯净的电子产品应用类涂层的型喷枪,比如铜-铟、镓合金,其中有些成分的熔点在 140℃ 以下。喷枪带有特殊设计的燃烧室结构与相应的喷嘴配合,以防止堵嘴。采用哈氏合金制备的燃烧室、喷嘴、注粉器、枪套以防止铁污染,以及特殊设计制备的送粉器以防止在送粉轮上粘连粉末。所有这一切,都将是喷涂锌合金及低熔点合金靶材的最佳措施。HVAF 技术法制备的金属、合金靶材以其高效、致密、净度高,成为铸造法制备锌和锌铝合金靶材的主要竞争技术手段。

7.10　其他应用

HVAF(高速度火焰喷涂)技术因其优异的涂层性能和广泛的应用潜

力,已经不仅限于铝或铁涂层的制备。除了在石油领域和气体管道中的应用外,HVAF 技术还可应用于多个行业,展现出其在各种复杂和苛刻工况下的适应能力。接下来的内容将探讨这些不同领域的具体应用案例,分析 HVAF 技术如何通过其独特的涂层特性来满足不同行业的需求,以及在未来技术发展中可能面临的挑战与机遇,这将为未来的研究与应用提供宝贵的参考。

7.10.1　烟草行业

烟草也是 HVAF 涉及的行业之一,其中有种基体是铝材的产品,尺寸约为 100 mm×50 mm,只有 3 mm 厚,客户希望在上面喷涂 0.2 mm 厚的涂层(研磨后)。为实现这一喷涂目标,我们将这些小片固定在 600～700 mm 直径的长轴上,或更大直径的圆盘上,按照喷涂长轴或大圆盘的方法喷涂。通过这种方法,每次可以喷涂 120～140 片,它可以将喷涂速度开到最大,这样基体实际温度将非常低,也非常容易控制。

在两片薄的石墨板上喷涂铜,其基体尺寸是 100 mm×50 mm×2 mm,事实上它的难度要远大于在铝基上喷涂 WC 涂层,因为样品只有两块,所以我们把它固定在一个棒材的两端,模仿辊筒的表面。石墨板的夹具是 10 mm 厚的铝板。我们用装在喷枪下面的空气冷却管,同时装有如喷辊筒般的带有小孔的空气管排。其模拟工作直径为 600 mm。将它的旋转速度设为 12 r/min,喷枪移动速度设为 40 cm/min。在这样的设置下,即使热导率极低的石墨,其表面温度也没有超过 50℃。这种辊筒或圆盘可以由金属网制备而成,金属网格直径为 1 mm,固定这种工装非常容易实现,而且不耽误时间。喷枪经过时也不容易过热,可以反复使用,我们经常用这种工装喷涂尺寸为 80 mm×12 mm×0.5 mm 的样块。

当客户需要大粗糙度的 WC 涂层时,HVAF 可以通过不同的粉末配合实现。比如 W-121(WC-CrC-20Co)或 CRC-410(CrC-30NiCr)。但是其粉末的粒度需要大于常规的粒度,为-75+22 μm,CRC-425 也是一种选择。我们曾尝试这种粒度的 CRC-425,获得了 *Ra* 值超过 10 的粗糙度,采用 AK 系列的 3 号燃烧室。当然,也可以采用等离子喷涂,但是其粉末粒度需要更大些,为-100+38 μm。简而言之,这并不简单,相较之下会选择等离子喷涂,而不是 HVOF/HVAF。

客户需要喷涂的部分工件可能包括那些对表面性能有特殊要求的组件，如耐磨零件、细节精致的机械部件，以及需提高附着力或抗腐蚀性能的表面。这些工件的喷涂需求需通过细致的工艺选择来实现，确保最终涂层能够满足技术和功能上的双重标准。接下来我们将深入讨论在这种情况下常见的工件类型，以及如何通过选择合适的涂层技术来满足这些特定需求。

客户需要喷涂的部分工件如下。

（1）两种不同类型小轴。基体是不锈钢，长度为 120 mm，直径为 48 mm。它们是带两个法兰的轴，与之配合是两个凹槽。法兰的高与宽都是 0.3 mm。一对辊间将有纸张或纸卷通过，压出凹槽，看起来与瓦楞辊相似。客户曾经在辊面压花纹，但极易被磨掉。现客户计划喷涂 0.1 mm 厚的 WC 钴涂层。喷涂将从 3 个角度进行，喷束方向为直射轴向，以让颗粒有"逃逸"的可能。

（2）半月形工件。对于这种工件形状，我们通常会把它们拼凑成一个圆的切面状，再进行喷涂。将不需要涂层或不能喷涂的区域进行遮蔽。将工件旋转起来，再用机械编程进行平面、外端、内端喷涂。用这种方法喷涂，将比手工喷涂更节约粉末，也更快，当然涂层质量也会更好。

（3）异形件。更为有效的方式是在一个棒材上钻两个小孔。将不需要涂层的部分进行遮蔽，用螺丝将工件固定在棒材上，然后将棒材固定在卡盘上。更好的方法是串出许多这样的小轴，对这些轴同时进行喷涂。同样，采用这种方法将比手工喷涂节约大量的粉末与时间。安装工件的原则是尽可能地避免平面喷涂模式，特别是小工件，因为平面喷涂是最不经济的。

俄罗斯的客户在使用 AK06 喷枪时，使用的是 40％的丙烷和 60％丁烷混合燃料，没有任何问题。如果国内的丁烷比例在 15％～20％时，目前的汽化器没有任何问题，但如果比例更高，则需要考虑不同型号的丙烷汽化器。当然，如果燃料是丙烯或 MAPP（一种混合燃料）则肯定没有问题。在喷涂过程中，会出现各种潜在不稳定因素导致设备燃烧不稳定，其中可能性之一是丙烷气体本身的问题，我们的设备要求丙烷气体中丙烷的含量小于 10％，如果高过这个限制就会出现液滴状丁烷，造成燃烧不稳定。另外，由于气体供应商的钢瓶是循环使用的，有些客户是使用气态的丙烷，所以丙烷先汽化，而丁烷留在了钢瓶的底部，长此以往丁烷越积越多，而我们使用的是液态的气体，从钢瓶的底部抽取燃料，也就是把很大比例的丁烷抽到了汽化器里面，这样就会加重前面提到的液滴出现的现象。当出现类似的情况时，客户需要确认：① 气体供应商提供杂质(丁烷)含量是低于 10％的丙烷。② 液态燃料的丙烷钢瓶,不要与使用气态丙烷的钢瓶混用。③ 不同型号的丙烷汽化器(如 Zimmer)是有其气体类型适应范围的,如果天然气中的丁烷比例高于 15％,目前型号不能适用,需要换不同型号。④ 一定要注意,管道内有液体燃料与 Zimmer 丙烷汽化器的工作表现无关。丙烷气体在控制柜里和管道里凝结成液态是冷却造成的,环境温度越低,其液体含量越大。丙烷气瓶的加热温度越高,意味着丙烷的入口压力越大。控制柜上的控制阀的初始压力下跌到设定压力,压力下跌与气体扩张时遇到冷空气是一样的,越大的气体压力下跌越大,这就是为什么我们不推荐气瓶中的压力高于需要的最小值 100～110 psi 的原因。丁烷的冷凝点温度高于丙烷,这类液化石油气产品出现凝结液相,任何控制柜和管子里的丙烷冷却是不可避免的。总会有液滴进入喷枪,但只要热态丙烷持续加热管子,这种凝结就会停止。由于 AK05 的丙烷用量非常少,所以要花很长时间才能将管子加热完成,这也是为什么该烟草客户喷枪中会有这么多液滴的原因。一般情况有 3 种手段解决丙烷的冷凝问题,分别为用气瓶压力更低的丙烷、尽可能减少气化管的长度、用电加热带进行后加热。

7.10.2　拉丝塔轮零件

拉丝塔轮在之前由于喷涂成本高与涂层技术差,大多通过喷焊手段完成。但喷焊有一些技术的瓶颈,而使得塔轮的寿命表现不够理想。2009 年广东的一位客户,通过美国渠道找到我们,他们的主要产品是将 8 mm 的铜丝变径拉伸为直径为 1. 6 mm 铜丝的拉丝塔轮,该塔轮的直径为 450 mm,高度为60 mm,产品有各种规格,这只是个典型产品尺寸。

初期交流时,曾经考虑过在广州现有设备完成样品喷涂。从技术角度考虑,如果需要在广州做样品,一定要提醒他们在燃烧室内一定堵上两个孔,以增加枪腔压力,采用三号喷嘴和 86 psi 的空气压力,当然,这只是当时广州的设备及喷枪是较老型号的缘故。关于涂层设计,一定要确认之前的涂层设计与喷涂方法,以及其对涂层的期望。

20 世纪 80 年代,我们曾经在俄罗斯的一家公司研发拉丝塔轮涂层,目标是拉伸到 0.5 mm 直径的丝材。塔轮基体是氧化铝陶瓷,当时的涂层设计是采用等离子喷涂 Al_2O_3、ZrO_2 和 Cr_2O_3 等陶瓷。但由于其较差的摩擦系数,陶瓷涂层被细铜丝拉伤,拉丝过程出现卡涩,经过工艺优化,我们喷涂了

Cr_2O_3 - 15% Fe_2O_3 复合材料,工作效果完美,较软的 Fe_2O_3 在这里起了固态润滑的作用。看起来,客户之前的涂层设计是 WC - Co/ NiCrBSi50/50 复合材料,因为 NiCrBSi 材料具有较高的碳含量,而使得整个材料的磨损系数较低,但是涂层的硬度不够。作为最安全的涂层设计,采用 WC - Co 或 WC - Co - Cr 可以获得比各种金属或陶瓷涂层更低的涂层摩擦系数。作为优化的方案,我们可以在 WC - Co(Cr) 中加入些许合金,约为 10%,以获得更低的摩擦系数。例如高硼合金(Nanosteel 或 Armacor M 合金,它们性能表现均要优于 NiCrBSi)和高钼合金(Triballoy 400/800)。

如果他们愿意磨损试验进行摩擦系数的测量,最好在喷涂塔轮实物之前先喷涂一些样品,这是一个合理的步骤。为谨慎起见,Andrew 与俄罗斯有相关拉丝塔轮经验的朋友学习他们的经验。令人吃惊的是,极其耐磨的 WC - Co 或 WC - Co - Cr 涂层竟然不适合铜丝塔轮,其中一个重要原因是它会在铜与钴之间产生电偶腐蚀,并导致铜粘连钴材料(即形成非常高的摩擦系数)。也正因如此,人们从来不用 WC - Co 作为工具对铜合金进行机加工。他们在实战中采用 Ni 基合金来替代钴合金,并取得了良好的使用效果。最好的材料选择是 WC - 10Ni,尽管它的硬度与 WC - Co(Cr) 相比相对较软,但在这项应用中的表现却十分出色,Cr_3C_2 - 25NiCr 涂层也应该是一个不错的选择。经确认,中国市场确实没有任何厂家在铜拉丝塔轮上采用 WC - Co 或 WC - Co - Cr,较多是采用 Ni 基材料与 WC 晶粒混合的材料设计,比如,选用 NiCrBSi 和 WC 晶粒混合,喷涂后再进行重熔,还有一些客户采取的工艺是采用陶瓷棒喷枪喷涂 Cr_2O_3。

WC - 10Ni 是 HVAF 的一种常用的标准材料,不需要重熔,涂层厚度在 0.5 mm 左右。广东客户现有的材料设计是 65% Ni 60Al 和 35% WC - Co,采用国产亚声速设备喷涂。涂层质量符合要求,只是喷涂成本太高,这也是他们希望改为采用 HVAF 设备的原因,基体材质是 45 号钢,之前并没有测量过摩擦系数。美国之前喷涂过 Osram Sylvania 公司的 WC - 10Ni 粉末产品(SX477),这种粉末粒度(-44+10 μm)对二号燃烧室来说略大。如果可能,最好能订购 5~30 μm 粒度的粉末,也可以试用一下美科旗下 WOKA 3332(stock 1049840)(粉末粒度为 -30+5 μm)或者 WOKA 3304(stock 1049842)(粉末粒度为 -30+10 μm)。德国 Starck(Amperit 551.059)的 WC - 20CrC - 7Ni 也是一个选择,粉末粒度为 5~30 μm。不过这种涂层会略硬些,所以当喷涂厚涂层时,难度略大些,所以最好涂层厚度不要超过 0.5 mm。如果在高度 60 mm、直径 450 mm 的塔轮上喷涂 1 mm 厚的涂层,将消耗约 3 kg 粉末,该粉末的成本约在 45 美元/磅。经比较,国内的粉末价格比国外要贵很多,我们决定请 Andrew 在美国喷涂该样品。以下是一系列的成本评估,供参考。

大工件的外径为 400 mm,内径为 365 mm,高为 40 mm,产品重约 7 kg,如果喷涂厚度为 0.65 mm,再研磨到 0.5 mm,喷涂成本约为 505 美元。小工件的外径为 94 mm,内径为 40 mm 或 55 mm(两种规格),工件质量约为 2.5 kg,如果喷涂厚度为 0.65 mm,再研磨到 0.5 mm,喷涂成本约为 270 美元。鉴于成本因素,也参考了德国同类产品的涂层厚度,经过讨论,客户决定将研磨后的涂层余量降到 0.3 mm,成本也相应地降到如下数字:大样品的外径为 400 mm,喷涂成本为 397 美元;小样品的外径为 94 mm,喷涂成本为 235 美元。理论设计与实战操作通常总是有一定距离,万事都是先有计划,之后在执行过程中不断修正调整。这次也不例外。当 Andrew 开始着手喷涂小试时,就发现 WC‐10Ni 涂层在摩擦力作用下的表现并不理想。涂层设计的材料继而换成了 WC‐20CrC‐7Ni,硬件配置选用的 5 号喷嘴。涂层的硬度非常完美,为 1 400 HV$_{300}$。可惜涂层非常容易出现小泡,这些将会影响其在塔轮上涂层的表现。而且,暂时还没有什么好的方法避免这一现象。下一步,计划再试验含有 15% 的 Hastelloy C 材料,这种材料的涂层相对软些,由于材料成分中含有钼,它在金属摩擦条件下表现是值得期待的。

涂层硬度也不能太软,因为客户部分产品要出口德国。而出口涂层的硬度要求不小于 1 150 HV$_{300}$,不过好在 HVAF 即使是较软的涂层,硬度也达到了 1 200 HV$_{300}$。在不断的开发过程中,Andrew 找到了澳大利亚的 Alloys International 公司,试喷了该公司牌号为 AI 2686SP‐F,粒度为 −30+5 μm 的一种 WC‐Co‐Cr 粉末。经过比较,它的性能与 HC Starck 公司的 Amperit 558.059 及美科公司 WOKA 3632 相似。

硬件配置:AK07 枪,三号燃烧室,五号喷嘴。注粉时配有部分氢气,以提高其热交换效率。喷涂参数与以上两种粉末相似。选择了高丙烷和低丙烷两种不同参数,以观察其性能区别。涂层的总体表现相似,但低丙烷参数配置的涂层沉积效率略好些。

AI 公司的粉末涂层看起来更暗些,这种情况出现的原因是粉末中存在自由碳。喷涂时没有测量沉积效率，但从每遍喷涂后的厚度估算，模式一应该超过了 60%，模式二可能超过了 70%。涂层硬度(93.7 ± 0.2)HRA(60 kg 的金刚石载荷)，约为 1 300 HV_{300}，比 Amperit 和 WOKA 粉末($94.8\sim95.0$ HRA)略低。涂层气密系数为 $1.7\sim1.8$ nm^2，比 Amperit 和 WOKA 粉末略高($0.10\sim0.20$ nm^2)，造成这一结果的原因是粉末中存在自由碳以及粉末本身不够致密。对于大部分涂层应用来说，以比较经济的模式如较高的沉积效率喷涂 WC 类涂层，不出现开裂，具有稳定的涂层质量是大家追求的首要目标。只有少部分应用对涂层的致密度有更高的追求，如板阀、球阀、化工产品中的柱塞，还有一些对硬度有更高追求，即标准滑动耐磨，比如压缩机的柱塞、拉丝塔轮等。

关于喷涂 WC 过程中的喷砂效应，对涂层质量影响至关重要。有两种粉末可能产生此类效应：太多细粉(粒度低于 $7\sim8$ μm，由于 WC 的晶粒过大，因而没有被金属包覆，不会黏附)，以及粗粉太多(在 HVAF 中的粗粉指粒度大于 30 μm 或超过 45 μm，取决于配置)。更有可能的是，$-30+5$ μm 粒度范围是"更清洁"的粉末(在较粗的粉末中，更容易出现游离碳)，我们分析了德国 C&M 公司的 $-25+5$ μm 粉末，结果与 Starck 和 Sulzer 公司的 $-30+5$ μm 粉末非常相似。

根据经验，如果涂层的沉积效率超过 70%，则不能获得理想的涂层质量，沉积效率为 $50\%\sim55\%$ 的涂层性能表现更好，金属涂层也有类似情况。经过了两个月的努力，终于完成了该塔轮涂层的喷涂，如图 7-30 所示，硬度 94.7 HRA(1 350 HV_{300})，气密性测试表现良好，在 7 Bar 压力时

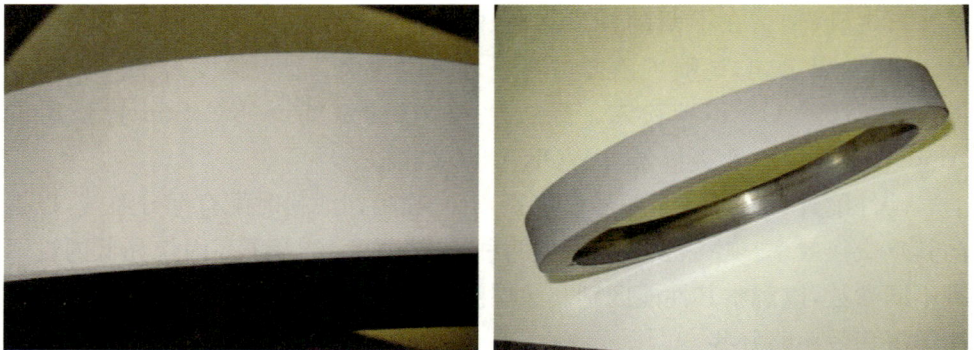

图 7-30　拉丝塔轮表面的 HVAF WC 涂层

不漏气。

事实上,试验结果真的来之不易,这个项目充分体现了 Andrew 细致认真的工作风格。试验结果让我们非常震惊,它居然是一种混合粉末。80％是 WC‐20CrC‐7Ni,成本 41 美元/磅,常规价格,其余 20％ 则采用的是 WC‐15 哈氏合金,成本 66 美元/磅,相对比较贵。之所以掺入了第二种粉末是该材料为涂层提供了固态润滑功能,材料里含有 16％ 钼,它的存在使涂层的摩擦系数降到了功能需要的程度。第一种粉末,HC Starck 的 Amperit 551.059,粒度范围为 5～30 μm,之前我们曾讨论过,涂层很容易产生泡泡,为了消除这一缺陷,我们对粉末进行了去尘处理,将细粉去除。经过处理的粉末看起来非常完美。第二种粉末,采用 HC Starck 的 Amperit 529.074,粒度范围是 15～45 μm,更为理想的选择是粒度范围为－25＋10 μm 的 529.053,只是由于当时恰好没有库存,我们才采用 074。Amperit 529.074 粉末里,含有 30％ 的 45 μm 以上的粗粉,尽管它的标称是 15～45 μm。如果只用这种粉末则很难制备出较硬的涂层,而且涂层的成本也会显著提高。所以,我们先将原粉经过 45 μm 的筛子过筛,将粗粉分开,仅用小于 45 μm 的粉末与前一种粉末混合。样品试验成功后,我们可以将涂层设计进一步优化,考虑用纳米钢粉末来替代 WC 哈氏合金实现它所完成的固态润滑功能。纳米钢粉末成分中含有 6％ 的硼,这对减少摩擦非常有益,它具有含不同程度钼的粉末级别,可以根据需要选配。

对 WC‐CrC‐Ni 粉末进行筛分依然是必须的,为了保证涂层品质,我们甚至需要替客户制备这样的专用设备,如图 7‐31 所示,空气入口压力和隔离距离对 AcuKote HVAF 过程中颗粒温度和速度的影响。

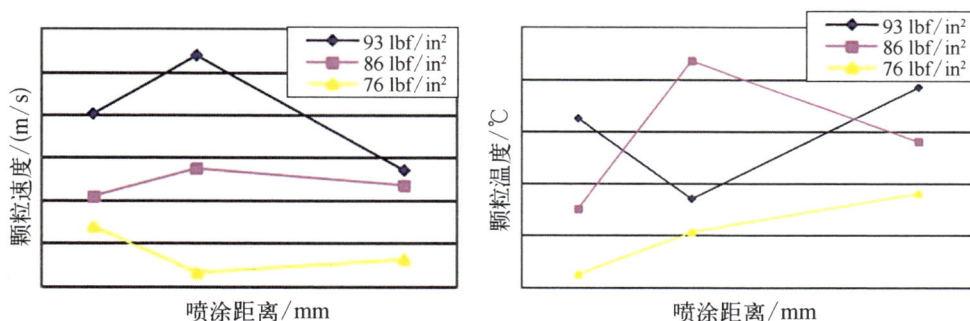

图 7‐31　空气入口压力和隔离距离对 AcuKote HVAF 颗粒温度和速度的影响曲线

经过几个月的努力，样品终于来到中国，客户也进行了试用，三个月后，我拜访了该客户，却出现了事先完全没有预料到的一些情况。原来这种塔轮一共有 4 种不同的形式，之前主要是陶瓷制品，客户现在想换成涂层的方式，目前使用寿命为一年。产品的主要用途是将 8 mm 的铜丝拔成 3 mm 直径的铜丝，客户同期请了其他供应商用超声速工艺喷涂了 WC - 10Co - 4Cr，厚度为 0.3 mm，产品直径为 70～80 mm，高为 3 mm，结果使用到第 25 天涂层开裂，没有达到目标。另一个供应商的尝试也失败了，所以客户认为也许喷涂的手段根本不适合这种产品。当然，客户显然没有注意到一个事实，早在几个月前，我们就已经指出 WC - 10Co - 4Cr 这种材料是不适用于这个应用的。这一提醒让客户如梦方醒，并确认从成本角度考虑，是否可以用 316 不锈钢来替代合金中的 Co。

关于客户诸多试验的失败，Andrew 也给出了相应的分析与结果。首先，在更小尺寸的塔轮上，其涂层所受的压载荷将更大。如果涂层的磨损系数过大，比如当你采用 WC - Co - Cr 涂层设计时，在接触区域则会产生过多的热量，而工艺本身不断注入的冷却液将导致涂层的开裂。小工件厚涂层的喷涂工艺与大工件的工艺是有区别的，因为小工件的基体更容易过热，防止涂层开裂将是此时需要非常重视的问题。很多经验不足的工程师经常忽视这个问题，而恰恰这点是小件、薄壁件喷涂的关键。中空轴套有不同的尺寸，不锈钢基体，以其中一个尺寸为例，外径为 200 mm，内径为 180 mm，高度为 120 mm。该产品总是出现轴与密封圈之间的磨损，所以客户改变设计，增加了轴套，改变它们之间的相对频率。轴套用铬板制作而成，使用寿命为 4 000～8 000 h，客户想知道是否可以通过 350 不锈钢或类似涂层完成同样功能。关于涂层材料，350SS 比铬合金好，也有一些合金，比如纳米钢比铬也好，但是它们比较容易开裂且成本较贵。钴铬钨涂层是最好的选择，它的成本虽然比铬合金贵两倍，但是它比铬合金的耐磨能力要强 10 倍以上。在石油行业的类似应用为 WC - Co - Cr 涂层。在造纸行业应用的叶轮，其规格尺寸为直径 200～1 000 mm 不等，不锈钢材质，越是靠近叶片的边缘部分，磨损越厉害。一般在 20～30 mm 宽的部分磨损最严重。如果喷涂碳化钨涂层可以达到减磨延寿的效果，成本是可以接受的。有人曾经试过喷焊工艺，但是容易产生变形，而且涂层厚度不易控制。关于叶轮叶片，这是 WC - Co - Cr 涂层非常经典的应用（不是 WC - Co）。我们曾经为真空泵的类似叶轮喷涂过 WC - Co - Cr 涂层，客户为了降低成本，已经将涂层厚度从 300 μm 降低到 200 μm，其使用寿命还是很长。

　　颗粒温度越高，则沉积效率越高。喷涂颗粒的加热主要发生在燃烧室（喷嘴主要是加速区），燃烧室越长，颗粒获得的加热时间也越长。所以 3 号燃烧室的沉积效率永远比 2 号燃烧室要好。当使用拉瓦尔喷嘴，如 4 号-14L 和 5 号-14L 时，才会导致沉积效率降低，该喷嘴会让颗粒的速度上升，但相应的颗粒的温度下降。增加气体压力时，也会导致沉积效率下降，因为增加压力会导致燃烧室内部的气体速度上升，这时，颗粒将会以更快的速度经过燃烧室，获得相对更少的加热。采用拉瓦尔喷嘴和增加气体压力，会让颗粒获得更高的速度，颗粒温度更低，虽然沉积效率降低，但涂层致密度即涂层质量却上升。所以，在同等条件下，3 号燃烧室的沉积效率比 2 号会更高些。在操作过程中，如果沉积效率表现不理想，可以将燃烧室压力降到 86 psi，因此涂层质量会略有下降，如果成本不是考虑的主要因素，则可以将燃烧室压力设为 93 psi。3 号燃烧室具有更宽的参数调节范围，比如可以在同样的空气设置前提下，调节 10～12 psi 的丙烷设置。而 2 号与 3 号燃烧室的区别仅是在燃烧室与外壳上，其他备件均相同。但理论上来说，3 号燃烧室可以用 1 号喷嘴，1 号燃烧室也可以与 2 号燃烧室外壳配合，从而形成新的组合，不同之处在于冷却螺母，此时应选用 B♯61 陶瓷片。

7.10.3　塑料挤出机螺杆

　　在 2010 年，我们遇到了一个塑料挤出机螺杆的项目，行业内习惯称为罗林。在产品制成过程中，由于材料自身的高腐蚀性，挤出机的螺杆腐蚀磨损严重。目前行业有不同的方法应对，比如更换更加耐磨、耐蚀的螺杆材料。而涂层，也是行业内曾经尝试的一种手段，但一直没有找到合适的材料或工艺，至今为止，行为内依然没有找到最理想的涂层解决方案。

　　从技术角度来看，如果该搅拌器上的条件相同，我们更倾向于先用螺杆开始试验。至少他们知道 WC 涂层是否能够承受，而不会发生剥落/开裂。确认正确的材料是第一要务，将确保我们朝着正确的方向工作。原计划给我们寄两只螺杆进行试验，可发货前改变主意，认为螺杆并不是挤出机中磨损最严重的产品，搅拌器才是。于是，搅拌器成了我们试验的样品，虽然从研发角度来说，并不是一个明智的选择。

他们想试搅拌器的原因是其工作条件更为恶劣,图 7‐32 为搅拌器机构图。搅拌器的工作介质是液态塑料,将承受比挤出螺杆更高的压力,其磨损情况也更为恶劣。挤出螺杆仅是传输液态塑料,不过其使用温度与螺杆是相同的。

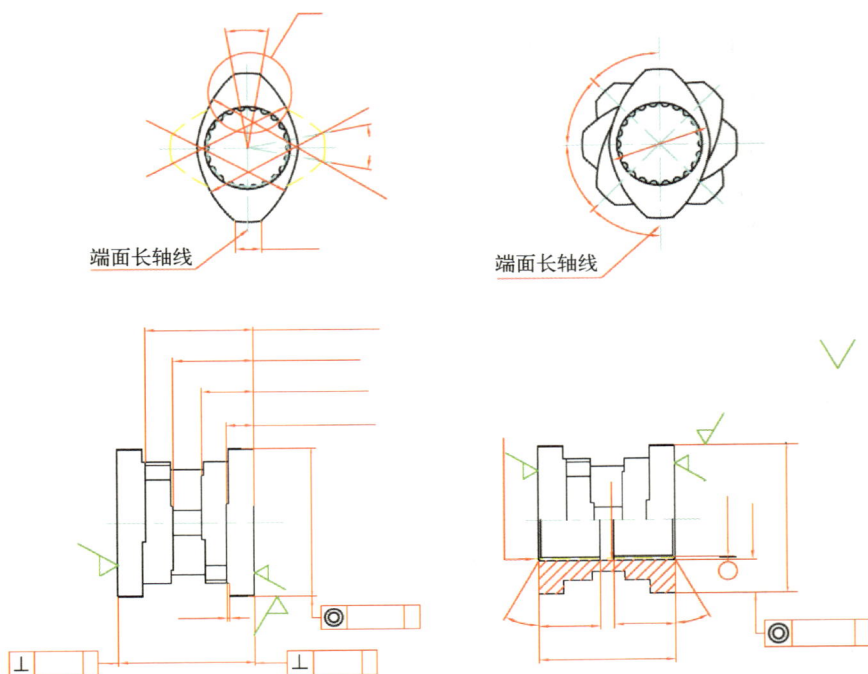

端面长轴线   端面长轴线

图 7‐32　搅拌器机构图

搅拌器的功能是用于搅拌塑料,其工况与使用温度与挤出螺杆相同,该部件与液态塑料直接接触。该部件与挤出螺杆安装在同一轴线上,其材料与螺杆一样也是 45 号钢。之前的基体选用的是 38CrMoAl,其寿命仅一周左右。基体换为 45 号钢,再喷涂 WC 涂层,如果寿命可以提升到 15 天,客户就完全可以接受。首选涂层设计是 WC‐10Co‐4Cr,涂层厚度为 (0.3 ± 0.02) mm。重点需要确认 WC 涂层在 260～300℃ 的高腐蚀工况下涂层是否会剥落,这才是最让人担心的问题。也是这个原因,在设计涂层时考虑用 Cr_3C_2‐NiCr 作为备用方案。因为考量的重点不仅是涂层本身的耐磨性,还要看涂层产品与挤出螺杆的综合能力对比,图 7‐33 为挤出螺杆照片。我们会尽力保证 WC 涂层在服务过程中不脱落,涂层喷涂过程的基体涂层温度为 190～220℃,与它未来工作时温度环境很相似。也就意味着,在 190～220℃工况下,涂层几乎是没有应力的。随着使用温度的升高,其应力才开始累积。所以,有理由相信,涂层可以在此工况下工作,挤出螺杆的使用在 260～300℃的温度区间是稳定的,此时螺杆承受着 40～60 MPa 的剪切挤压力。

采用一种量头在 1 mm 磁性装置的测厚仪,我们测量了样品上的涂层厚度,涂层厚度分布在 280～320 mm 范围之

图 7‑33　挤出螺杆照片

内。此类产品的喷涂耗费了大量的时间成本,第一个样品的喷涂并不成功:样品上有几个点开裂了。经过分析,找到了原因和解决方案。在进行第二个样品的喷涂时,我们用的是同一种钴铬钨粉末。该目标并不容易,需要经过长时间的思考才能找到解决方案。

7.10.4　车床主轴

2008 年,东北一位大学教授有一个潜在的项目需求,其产品是机械设备中的主轴,希望涂层钴铬 WC 或其他耐磨涂层,提高其磨损问题。

1) 产品技术细节及客户需求

(1) 产品:车床主轴。

(2) 工件尺寸:直径 200 mm,长度 3 700 mm。

(3) 基体材料:38CrMoAl。

(4) 存在问题:使用后的主轴表面会出现小微孔,其磨损出现在主轴与轴套之间,即使它们之间有润滑油保护。

(5) 工况:该轴或车床是在室温下工作,工作期间,轴的表面温度约在 300～400℃,轴与轴套之间没有其他磨损介质出现。

(6) 目标:客户的目标是在主轴表面喷涂耐磨涂层,以防止产生微孔。客户对产品寿命没有什么特殊要求,原来的产品寿命完全满足要求,只要在有效寿命范围内,不要出现微孔即可,产生微孔的可能原因是轴与轴套之间的微振动。

要求 0.5 mm 喷涂厚度,经过研磨后需要达到 Ra 0.4 μm 的表面光洁度。涂层需要致密,硬度在 1 000 HV_{300} 以上。粉末资源不限,国产或进口均可,只需满足功能。事实上,美国伙伴曾经做过几根磨床主轴的喷涂业务,喷涂材料可以是 WC - 10Co - 4Cr 或 WC - 12Co,涂层厚度为 0.35 mm,之后经过研磨,功能涂层厚度为 0.2 mm,涂层的表面必须经镜面抛光及研磨,以达到 Ra 0.1 μm 的光学镜面,以避免轴套对其产生磨损。

2) HVAF 硬件的配置

(1) 硬件:3 号喷嘴,3 号注粉器。

(2) 喷涂距离:150~170 mm。当轴的直径在 200 mm 时,其轴的旋转速度设在 220~250 r/min,枪的横移速度为 32~35 cm/min。作为参考,当时 Andrew 喷的轴直径为 160 mm,长度为 2.8 m,喷涂面的长度为 1 020 mm。

(3) 工件旋转速度:330 r/min。

(4) 喷枪横移速度:30 cm/min。

(5) 喷涂距离:165 mm。

(6) 送粉器转速:8 rpm。

先用喷枪进行喷砂,采用 220 号的氧化铝砂粒。送粉器的转速可以设在 20~25 r/min,氮气流量设在 100~120 slpm,不用氢气。点枪后先用火焰走一遍工件,不用送砂,对表面进行预热。之后再进行一遍热喷砂,再后便可以开始喷涂。如果检查后发现喷砂没有达到要求,可以再进行一遍喷砂,此时表面还能看到一些闪亮点。采用 HVAF 的热喷砂,可以大大减少喷砂时间,只有传统喷砂时间的 1/10。为了节约辊子的预热时间,最好采用两个不同的送粉器。否则必须对送粉器进行彻底的清洁后再使用,以避免有氧化铝砂粒混入WC 粉末。这个清洁过程将花费约半小时,在此过程中辊子可能已经凉透了。采用不锈钢刷子对喷砂后的表面进行清洁,以防止表面有氧化铝颗粒。对辊子表面进行额外两遍预热(至少到 80℃,但不能超过 140℃),之后开始喷涂,其温度控制在 90~120℃,如果经过 2~3 遍预热之后,其表面温度依然没有到达 90℃,则不用再加热,可以开始喷涂作业,预热过程中的温度控制过程与喷涂过程相似。如果预热过程中温度上升不大,那么喷涂过程中温度也不会很高,所以,先进行 2~3 遍预热将是非常好的升温预测。如果辊子是实心金属,可以在喷砂之前先对进几次预热,每遍中间停顿 3~5 min,以确保热量可以到达基体中心。作为替代,也可以用电加热的方式进行(最好用两条加热带同时进行)。喷涂时,送粉器的转速设在 8 r/min 上,更推荐使用 WC‑Co‑Cr(而不是 WC‑12Co),因为该材料可以确保涂层厚度测量的无磁性。不要用空气对辊子直接冷却。注意,如果是修复轴在喷涂前,机加工准备时,必须要先进行校直。校直的方法有很多种,分别为机械压力法、冲压(类似冲击)、对一面进行加热再快速冷却等。加热/冷却法只适于小面积的喷涂,这种处理在喷涂后进行也是可以的。但如果是整个辊的表面都要进行喷涂,采用加热、冷却方法则效率太低。而且在喷涂之后,其形状又将恢复到原来的形态,图 7‑34 所示为采用 HVAF 技术制备辊子涂层。

图 7‑34　采用 HVAF 技术制备辊子涂层

3) 喷涂的两种工艺参数

(1) 粉末 WOKA 3632/WC(Lot 706‑1‑33);3 号喷嘴配套 3 号送粉器;空气压力为 86 psi;丙烷压力为 59 psi;氢气压力为 40 psi;氮气压力为 50 psi;送粉器转速为 10 r/min;喷枪横移速度为 6 750 cm/min;最低温度为 127℃;最高温度为 195℃;间歇温度范围为 120～138℃;涂层厚度为 420～480 μm,同期装有 4 块涂层样块。

(2) 粉末 WOKA 3632/WC(Lot 706‑1‑33);3 号喷嘴配套 3 号送粉器;空气压力为 86 psi;丙烷压力为 58 psi;氢气压力为 40 psi;氮气压力为 40 psi;送粉器转速为 10 r/min;喷枪横移速度为 6 000 cm/min;最低温度为 105℃;最高温度为 145℃;间歇温度范围为 320～340℃;涂层厚度为 320～340 μm,同期装有 10 块涂层样块。

7.10.5　铸铁修复

有客户在喷涂冷却铸铁辊时遇到麻烦,该产品之前采用电镀铬工艺,但辊表面很容易被轧板中的氧化物磨损,希望通过喷涂手段改善,辊子基体硬度为58 HRC。喷砂后基体上时常会发现小孔,那些小孔在喷涂了 0.15 mm 厚的涂层之后会被覆盖,但大孔无法覆盖。当这些小孔存在时 WC 涂层非常容易在辊面上出现针孔,无法避免,可是电镀铬涂层却不会出现这些问题。如果铸造辊上的存在针孔缺陷,是无法通过 HVAF/HVOF 方法解决的,即使对辊子进行研磨也无法解决,因为即使旧的针孔被去除了,新的针孔又会出现,这是由铸造材料自身的缺陷造成。需要先对基体进行修复,针对这种情况的解决方案如下:① 先将基体车削;② 在针孔处钻孔,并进行补焊(黄铜或不锈钢);③ 再上车床进行切削;④ 用 24 号氧化铝喷砂,再用 HVAF 制备 0.25～0.3 mm 厚的 Ni‐3Si1.5B/Al$_2$O$_3$ 涂层(可以是其他合金,如 430 高碳不锈钢);⑤ 喷涂 WC 涂层。如果针孔相对较小(孔径 2 mm 以下),可以将它们钻开(45°)之后喷涂以上合金,需要对大孔周边进行遮蔽,喷涂距离控制在150 mm,之后增加到 250～380 mm,手工对辊表面进行打磨修复,再对基体表面进行喷砂、喷涂。如果针孔的直径小于 1 mm,可以采用电弧喷涂药芯丝材,如果能用硬面喷丝则更好,如 Armacor M、SHS717 或本地同级别材料,再用粗砂粒进行喷砂。用大电流和低压力生成大喷涂颗粒,喷涂厚度为 0.5 mm以上,以实现基体修复,之后再在该涂层上进行喷涂 WC 涂层。这类处理手段,对要求极好辊面光洁度的并不适用,对镜面可以,但是光学镜面不行。因为会产生小的针孔(孔径小于 0.1 mm),它们将会贯穿在 WC 涂层中,而不是在它的下面,但这不会因此而影响它的结合强度。用电弧来喷涂这些材料(药芯丝材),可以修复这些针孔的工艺。等离子喷涂(粉末)也许也可以,但HVOF/HVAF 进行针孔修复则不理想。

客户在修复后喷涂时还遇到了一些实际问题,现将问题及处理方法分享如下:出于对致密度的需求,客户使用 Fujimi 的 WC‐12Co 细粉。粒度分别为 5～15 μm、5～20 μm 和 10～25 μm,但喷涂时的沉积效率却非常低。这与其制粉过程中的烧结强度有直接的关系,喷涂时的沉积效率与粉末的密度有关,粉末越致密,其沉积效率越低。细粉,尤其是 5 μm 以下的细粉,意味着只有两个晶粒带着极少量的黏结剂,这种情况绝对是非常难沉积的。针对这一情况，Kermetico 公司进行了深入研发，并在 2018 年推出了闪钨喷涂技术，实现了更薄、更致密、效率更高、成本更低的闪钨防腐耐磨涂层。

7.10.6　焦炭旋流器内孔喷涂

2012 年，越来越多的客户关心内孔喷涂的情况，其中一个客户有一个与英国的合作项目，工件直径为 100 mm，长度为 200 mm，两向开口，基体是工具钢。在内孔枪没有出来之前，可以用 AK07 喷枪，从两端进行开口喷涂，通常在喷涂角度为 45°～90°的涂层性能均不算太差，当没有更好办法的时候，30°时的涂层勉强可以用。当然，最好使用内孔喷枪。在喷涂之前，用喷枪先进行喷砂，以去除氧化皮、之前的喷涂层、油脂等。我们与加州马丁内斯州的壳牌公司一直有合作，他们有一个称为"延时焦炭"的工艺。提炼石油后，其较重的部分（含沥青的部分）成为进一步开裂提取额外碳氢化合物的主体。之后，形成了焦炭（非常干燥的碳粉，见图 7 - 35），包含沙子、金属硫和无机成分。焦炭可通过空运进入旋流器，该旋流器及其之前和之后的管材都遭受着严重的腐蚀。另外的处理也使用焦炭煅烧（碳酸钙热处理），旋流器和管材在该工艺中同样有腐蚀问题。

图 7 - 35　延时焦炭工艺形成的焦炭

内孔喷涂的重要影响因素：延时焦炭工艺；管路尺寸约为 6 in(150 mm)，管内存在焦炭的高速运动。我们给旋流器顶部和入口喷嘴、管路（线轴）、肘形部件和十字形部件进行喷涂，如图 4 - 8 和图 4 - 9 所示，这是内孔喷涂的实际应用。喷有 WC - 10Co - 4Cr 涂层的线轴沙十字形部件服务已超过 9 个月（是预期使用寿命的 3 倍）。注意那些大型管道，例如内径 12 in 或更大的，很少有腐蚀，并且它们可以由"碳化铬"焊接层（"碳化铬覆层"）来保护，是比 WC 喷涂相对便宜的工艺，其中碳化铬焊接层使用的是便宜的 Fe - Cr - C - Mn 焊丝。焦炭处理本身在许多情况下可以不产生"冲蚀"，但只要使用小型内径管材，内孔喷涂技术则为首选。这种焦炭的用户有钢厂、石墨电极生产商(用于电解铝)和电厂。

7.10.7　螺旋输送机

螺旋输送机是电热厂、煤炭、建材、化工、采掘、粮食、造纸纸浆及机械加工等部门广泛应用的一种连续输送设备,主要适用于水平或倾斜输送粉状、粒状和小块状物料,如电热厂底灰、煤粉、煤渣、水泥、粮食、废物等。由于输送的物料可能存在污染、有害、高温、高热、磨损等特点,目前最为理想且广泛采用的输送系统为耐磨型工业螺旋式输送机。

螺旋输送机优点:传送干燥和半流动物体最为理想;可自由流动或缓慢流动;比起其他传送设备如履带传送、气力传送或串联盘管道传送,螺旋输送机的效益更高;通过使用多入口和排放口可有效分配固体块状材料;可完全满足封闭腐蚀有害物质的要求(消除环境污染);单机输送机距离可达 20 m,多机软连接可随需要任意延长;输送量大、结构简单、调试容易、易损件品种少、维修方便。

螺旋输送机的寿命主要取决于螺旋叶片的寿命,目前螺旋叶片主要有拉伸成型、轧制成型、铸造成型、模具挤压成型,不同的成型方法获得螺旋叶片的断面形状不同,大多数方法获得等厚螺旋叶片,分析研究螺旋叶片工作时的磨损情况对螺旋叶片的成型方法的发展、增加叶片耐磨性的方法和途径至关重要,螺旋输送机如图 7-36 所示。

图 7-36　螺旋输送机示意图

为防止螺旋输送机叶片磨损及驱动箱污染等问题,影响螺旋输送机的工作效率和使用寿命,可对螺旋输送机叶片及其他易磨损部位进行耐磨材料喷涂,这样不但可以保护机械设备机体材料不被水蚀、气蚀磨损,还能防止机体受酸碱腐蚀,进行耐磨材料喷涂防护前,选择合适的耐磨性能高、黏接力强的耐磨材料是关键。

螺旋叶片磨损最严重的地方是它的顶部,磨损主要是磨粒磨损、氧化磨损和热磨损,为了提高螺旋叶片的耐磨性,可通过热喷涂进行表层强化处理,表层强化并不仅仅提高表层硬度,还可使金属材料表具有某种特殊的化学性能。表面强化处理可以采用火焰热喷涂方法 HVOF/HVAF 来提高金属材料表面的硬度,一般来说,这种方法制备的涂层硬度高、耐磨性好、设备使用寿命更长,图 7-37 所示是 AK5-HVAF 喷枪喷涂螺旋器过程,图 7-38 和图 7-39 所示分别是有涂层和无涂层的螺旋输送机叶片的情况。

图 7-37　AK-5 HVAF 喷枪喷涂螺旋器过程

图 7-38　HVAF-煤灰螺旋输送器喷涂 WC-10Co-4Cr 涂层

图 7 - 39　没有涂层保护的产品使用后状态

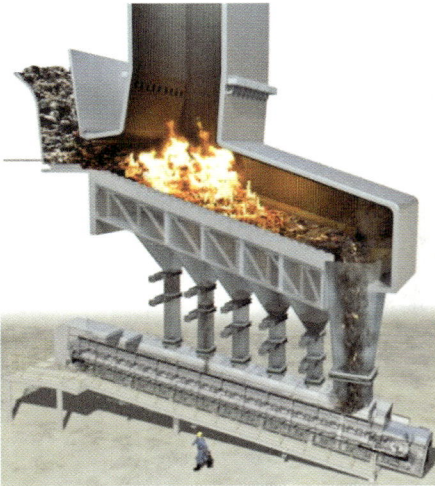

图 7 - 40　电热厂螺旋输送器作业示意图

在电热厂使用的水冷式煤灰螺旋输送机多用于传送底灰,由于进料温度在720℃以上,需要尽快处理传送并冷却从熔炉排出的灰渣,如图 7 - 40 所示。这类应用必须通过热喷涂工艺在螺旋叶片上喷涂高性能耐磨 WC 类涂层,以保护叶片不受损伤。

图 7 - 41 和图 7 - 42 所示分别是23 in 规格的发电厂用冷却螺旋输送器,采用 HVAF 工艺对该螺旋进行喷砂表面处理和 WC 涂层喷涂。螺旋器的喷涂是相当复杂的作业,特别是喷厚的涂层。虽然成本较高,但 HVAF 工艺喷涂的涂层在螺旋输送器上效果非常好。HVOF 的涂层通常因为太脆导致在众多此类应用里过早失效,由于螺旋喷涂成本较高,通常客户会选择在最需要高质量的应用上使用,当然投入的回报也是相当可观的,大大减少了涂层失败造成的设备维修、生产停顿、效益下降、设备折旧的损失。由端部进料口加入的物料,其粒度不能大于 1/4 的螺旋直径;自中间进料口加料的物料,其粒度均不得大于 30 mm。为保证筒体不产生变形,加料温度必须控制在 300℃以下,该机在输送磨琢性大的物料时对叶片和料槽的磨损极为严重。对滚筒的内部的处理

一般使用 WC‒Ni 覆膜,但造价昂贵且效果远远不如 HVAF 制备涂层的耐磨效果好。HVAF 非常经济有效,可大大延长设备的使用寿命,减少输送物料对设备的磨损。HVAF 设备可对直径大于 100 mm(4 in)的内孔进行喷涂。

图 7‒41　HVAF 对设备做喷砂表面处理

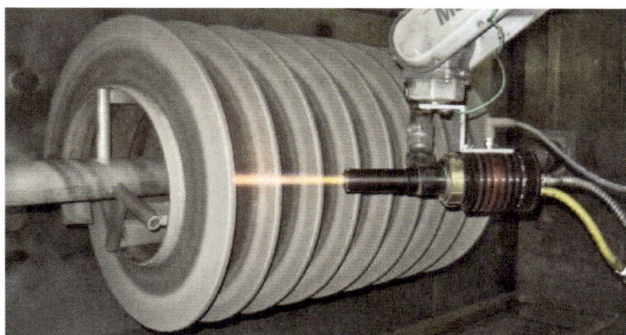

图 7‒42　HVAF 制备 WC 涂层

Kermetico 公司对螺旋输送机喷涂 WC‒10Co‒4Cr 粉末涂层,表 7‒5 所示为相关涂层的性能,良好的性能以适应设备在运行中高磨损、高温度的要求。

表 7‒5　涂层性能

型号	成分	成分配额/%（质量分数）	硬度/HV$_{300}$	最厚/mm	温度限度/℃
WC‒104F	钴铬碳化钨	Co‒10 Cr‒4WC/WC$_2$(C$_{tot}$‒3.8)	1 400	0.7	480

图 7-43 所示为 AcuKote HVAF 设备喷涂 WC-104F 金相图。WC 基材料的总含碳量(以质量分数计)为 3.7%～4.5%,钴为 9.5%～10.5%,铬为 4.5%～5.2%,涂层表面金相孔隙率＜1.0%;结合强度 12 000 psi;硬度 1 400 HV_{300};喷涂后粗糙度 Ra 为 80～120 μm;研磨后粗糙度 Ra 为 0.40 μm;最大涂层厚度为 0.7 mm(0.030 in);最高工作温度为 482.2℃。

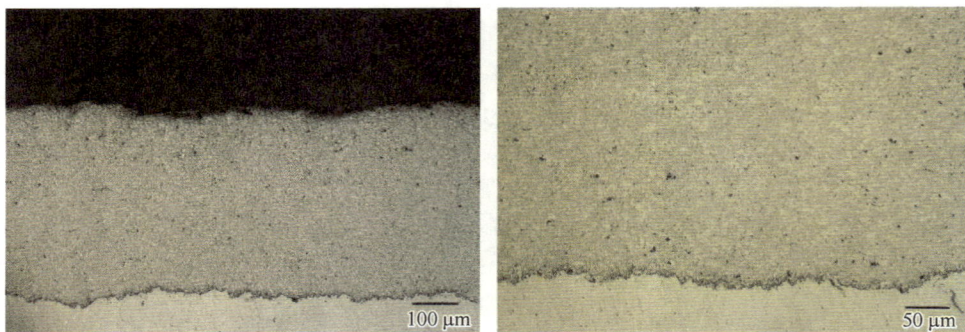

图 7-43 AcuKote HVAF 设备喷涂 WC-104F 金相图

图 7-44 所示为 AcuKote HVAF 设备对短螺杆喷涂 WC-104F 和研磨后状态,这种(气密性)涂层在抗滑动摩擦和磨蚀上性能表现相当出色,虽然坚硬但相对脆,致使其在抗磨蚀方面稍微逊色,抗冲撞和抗疲劳性良好,一般抗腐蚀性良好,这种涂层比 WC-104A 成本高且沉积效率略低,对气密性有要求时适合喷涂此涂层,适用于高磨损和滑动磨损的气密性涂层(针型阀、阀座、阀门、密封圈、轴)。

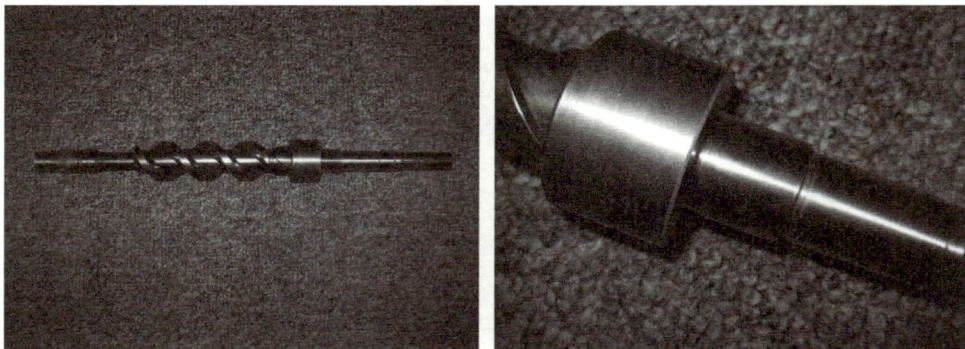

图 7-44 AcuKote HVAF 设备对短螺杆喷涂 WC-104F 和研磨后状态

第 *8* 章

闪钨涂层

在现代制造业中,表面处理技术的不断发展使得材料的性能得以显著提升。其中,闪钨涂层因其卓越的耐磨性、抗腐蚀性和优良的热稳定性,广泛应用于航空航天、汽车、模具制造及电子行业等多个领域。通过对基础材料进行先进的涂层处理,闪钨涂层能够有效延长部件的使用寿命,降低维护成本,并且提升整体设备的工作效率。本章将深入探讨闪钨涂层的起源及其基本应用,并揭示它在各行业中的重要性与发展潜力。

8.1 闪钨涂层起源及其基本应用

2015 年起,企业便根据电镀铬市场的巨大需求,开始进行各种电镀铬替代工艺试验。通过尝试多种不同的工艺与手段,从 $Cr_2C_3 - NiCr$ 到不锈钢,再到不同材料的配比,最终推出闪钨 1.0 版。随着不同产品市场化的深入,闪钨 2.0 版终于浮出水面。2018 年 12 月 18 日在润科工厂所在地廊坊,召开了第一届闪钨推广会及第四届 HVAF 技术交流会。

最初的试验报告来自芬兰坦波雷大学的本诺·格里斯(Benno Gries)教授,表征了闪钨涂层经过了 336 h 后的状态。当时的涂层厚度分别是 92 μm、68 μm、25 μm 和 15 μm,所有样品都经过了 700 h 盐雾试验的考验,没有腐蚀。本诺计划继续完成这项试验,直到 1 008 h。不过,他表示,如果闪钨涂层在 600 h 时没有出现腐蚀,则即使到了 1 008 h,也不会有太大的变化。同时本诺还将盐雾试验样品进行杨氏模量测量,结果高达理论值的 60%,这是本诺测量过的 WC 类涂层中获得最优秀的数据。同时进行的 G65 耐磨能力测量,比同期的 HVOF 样品要高两倍,也是同类型粉末中表现最好的。

涂层的表面粗糙度与厚度有关,涂层厚度为 25～40 μm 时的粗糙度为 Ra 1.5～1.6 μm。随后,我们为美国卡特皮勒公司喷涂了 30 多根长度为 150 mm、直径为 38 mm 的棒材样品,并进行抛光与机械性能试验。样品的涂层厚度分别为 30 μm、60 μm、90 μm 和 110 μm,喷涂、经一遍或多遍完成。涂层厚度均匀性分别为 ±1 μm(涂层厚度 60 μm)和 ±1.5 μm(涂层厚度 110 μm)。美国卡特皮勒公司对这些样品进行了弯曲试验,之后进行超声波裂纹检测,以及不同的抛光方法试验,将涂层抛到 Ra 0.1 μm。试验结果表明,仅需要去除不超过 10 μm 厚的涂层,就可以达到所需的粗糙度。实际上,只是抛去了涂层的顶端尖端部分,采用带式或膜式的抛光手段,我们的供应商只用了 8 μm 去除量,就抛到了 Ra 0.2 μm 的粗糙度。38 mm 直径、300 mm 长的小棒闪钨涂层,报价是 18 美元/只,共 600 只,实际成本只有 7 美元/只。而他的供应商报的抛光价格每根高达 36 美元。可见闪钨涂层成本将带来的巨大优势。

还有一个更加令人吃惊的性能,当闪钨涂层厚度在 15～25 μm 时,在把样品拧成了麻花状后,涂层不仅没有脱落,而且没发现任何可见裂纹。我们为卡特皮勒喷涂了 30 只 38 mm 直径的样品用于机械性能测试,10 只 100 mm 直径的用于耐腐蚀试验,之后又喷涂了几十根 100 mm 直径长度为 1 m 的工件,用于重型牵引车的柱塞,结果均让客户非常满意。具有批量的闪钨涂层还有来自加拿大的舰船舵机千斤顶的引导柱,600 根。酿酒机械所用的导向滚筒,几百只工业柱塞及来自本地炼油厂的泵的柱塞。

既然已经有了成功的闪钨涂层技术,决定停止硬面金属铬替代涂层研发与推广,转而开始推广与应用闪钨涂层。

现在来了解一下闪钨工艺。

(1)粉末的流动性:闪钨粉末本质上是 5～15 μm 或 5～20 μm 粒度的碳化钨细粉,其流动性很差,所以工艺上首先要设法稳定粉末流,为此使用闪钨专用送粉转盘,该送粉盘将提供更加稳定的粉末流,不过,它的送粉速度比传统粉稍慢,在 30 r/min 时可以完成 22 kg/h 的闪钨粉末的输送;安装 Zebra 闪钨专用送粉管,尽可能短;在 Zebra 闪钨送粉管两端安装铜套管,以防止静电,安装时采用热装并进行良好接地。

（2）枪的配置：AK06 枪 3 号燃烧室，33 号注粉器，4L 喷嘴。

（3）表面准备：喷涂前基体，需要优于 Ra 0.5 μm 或更好，但不需要喷砂。像常规工艺一样，在炉内预热，或用喷枪进行预热，如果是用喷枪预热，则在喷涂前，用喷枪按喷涂程序沿工件表面走 1～2 遍即可。

（4）喷涂参数：空气压力为 90 psi；丙烷压力为 84 psi；燃烧室压力为 74～75 psi；氮气流量为 23 slpm；氢气流量为 25 slpm；喷涂距离为 150 mm。

当我们在 38 mm 直径的棒轴上和直径在 100 mm 的棒轴上喷涂时，曾经试过 20～25 μm 涂层厚度多次喷涂的工艺，也试验过 50～100 μm 涂层厚度一遍完成的工艺。当涂层厚度为 15～20 μm 时，涂层粗糙度为 Ra 1.5～1.7 μm。随着涂层厚度增加到 25～40 μm 时，粗糙度将不再增加，约为 Ra 1.9～2.0 μm。为确认闪钨涂层的性能，我们采用闪钨专用多孔测试片（0.5 μm 微孔）进行涂层气密性试验，在通常情况下，闪钨涂层可以实现 25～30 μm 涂层厚度时的涂层气密。作为参考，HVAF 标准涂层通常在 50～70 μm 厚度时，可以实现涂层气密，而 HVOF，一般都在 200 μm 以上厚度时，才有可能实现涂层气密。

当我们用 C7 枪 3 号喷嘴时，燃烧室压力为 72 psi，其涂层性能要优于 AK6 或 C6 枪的，涂层的表面粗糙度更低、硬度更高，硬度分布也更窄，气密性更好。但是随着涂层厚度的增加，应力将相应增大。我们也用 AK5 枪配合 60L 喷嘴喷涂闪钨（与上一版的 75L 喷枪设计相似），同样可以获得气密涂层。但相对而言，其表面粗糙度更高些。但显然随着涂层厚度的增加，其应力积累要小得多。

喷涂闪钨涂层时，一定要注意以下情况。

（1）闪钨涂层设计用于非常薄的涂层，15～60 μm 的加工前涂层，当涂层厚度超过 100 μm 以后，其涂层的应力积累将过大。

（2）在涂层厚度为 15～25 μm 时，喷涂态涂层的粗糙度是最低的，随着涂层厚度的增加，逐渐趋于上限。大致数据如下：C7 涂层厚度在 20 μm 时，有 Ra 1.5 μm，当涂层厚度达到或超过 30 μm 时，有 Ra 1.7 μm 或更高；AK06/C6 涂层厚度在 20 μm 时，有 Ra 1.7 μm，当涂层厚度达到或超过 30 μm 时，有 Ra 1.9 μm 或更高；AK5 涂层厚度在 20 μm 时，有 Ra 2.0 μm，当涂层厚度达到或超过 30 μm 时，有 Ra 2.2 μm。

（3）在燃烧室压力为 72 psi 的情况下，使用 6 号或 7 号喷枪，则选用 3 号喷嘴。当采用 AK5 时,则使用 60L 喷嘴,注意此时用的都不是最长的喷嘴,但这更适于闪钨粉。如果更换粉末,参数可能需微调,比如润科公司在采用 FC102 时,已经将燃烧室压力从 72 psi 上调到 75 psi。

根据我们的经验,让送粉器与工件在相同的高度非常重要。同时,让送粉管悬浮在空中,而不是落在地上。Zebra 闪钨送粉管管线尽量不要太长,否则可能导致送粉不稳定。我们测试了 1/4 英寸外径的新闪钨送粉管(它的内径是 1/8 英寸,而 Zebra 的内径则略大些,是 3/16 英寸),一种特弗隆黑管,具有非常好的粉末流动性,它的稳定性要远优于 Zebra 闪钨送粉管。

同时也测试了除了 FC 标准闪钨粉之外的其他粉末,包括 AK04ID 和 AK05ID,其中 AK04ID 的测试结果非常好。目前展示的所有测量结果,包括 15 μm 和 20 μm 盐雾试验,都是采用 3L 喷嘴完成的。在润科公司试验过程中,采用 FC101 的 5L 喷嘴时,25 μm 厚的涂层气密。采用 4L/3L 喷嘴时,在大孔径的滤片上测试气密性,结果显示 4L 喷嘴在 35～40 μm 厚涂层时,可以实现气密。3L 喷嘴有少许漏气,在 0.5 μm 的滤片上测试时,两种喷嘴均在 30 μm 厚涂层时气密,4L 的沉积效率相对而言略低些。所以,当时美国选择采用 3L 作为闪钨的主要喷嘴。当我们采用 4L 喷嘴进行大厚度涂层试验时,发现闪钨涂层到达 200～250 μm 厚时会出现涂层剥落现象。显然,这是由于涂层应力过大造成的。同时,卡特皮勒的耐腐蚀试验显示,采用 4L 喷嘴制备的小轴没能通过腐蚀试验。正是由于 3L 喷嘴制备的涂层表现良好,他的工艺参数的硬件配置将 3L 喷嘴作为了首选。

随着应用的增加而我们积累了丰富的经验,在喷枪技术及喷涂工艺都有了很大的进步。目前,我们已经可以轻松实现 25～30 μm 厚涂层气密,喷涂工艺参数如表 8-1 所示。

表 8-1 喷涂工艺参数

参 数 名 称	AK06	C6
空气压力/psi	89～90	81～82
丙烷压力/psi	84	82
燃烧室压力/psi	72～73	72～73

参　数　名　称	AK06	C6
氮气流量/slpm	23	21
氢气流量/slpm	25	15

8.2　煤矿活柱与中缸应用

煤矿行业是尝试电镀铬替代开始最早的行业,尤其是极大数量的电镀铬液压支架,是铬替代一展身手的契机,当然这几年煤矿行业走势低迷,成本承受能力将是批量应用必须认真考虑的重要问题。最早的尝试是从不同厚度的 WC 涂层开始的,从技术角度来看,如果使用 0.2 mm 厚的常规 WC 涂层,无疑可以胜任液压支架的使用工况。但其成本几乎是煤矿行业很难承受的。所以,我们最初的出发点,是采用非常规厚度的 WC 涂层,因为 HVAF 技术的特殊性,采用平衡型配置即 5E 配置时的 WC 涂层,在其厚度为 7 丝时,可以实现 20 bar 高压气体不透气,也就是说,在这个厚度的涂层,基本可以应付常规的腐蚀工况。

试验便从这里开始,因为不是标准厚度涂层,我们称之为改进型 WC 涂层。涂层性能如表 8-2 所示,HVAF 系统可以针对不同的应用生产不同硬度、孔隙率的 WC 涂层,不同硬度涂层的孔隙率均小于 1%。

表 8-2　涂层性能

WCCoCr86/10/4	涂层硬度/HV$_{300}$	涂层孔隙率/%	喷涂在外径为 350 mm 外圆上的沉积效率/%
HVAF 经济型	1 050～1 250	<0.8	55+
HVAF 平衡型	1 250～1 350	<0.5	48～58
HVAF 超级	1 350～1 600+	<0.1	36～42

图 8-1 所示为涂层截面显微形貌,可以看出涂层与基体结合较好,其结合强度高达 90 MPa,表面附近无裂纹,孔隙率小于 1%。

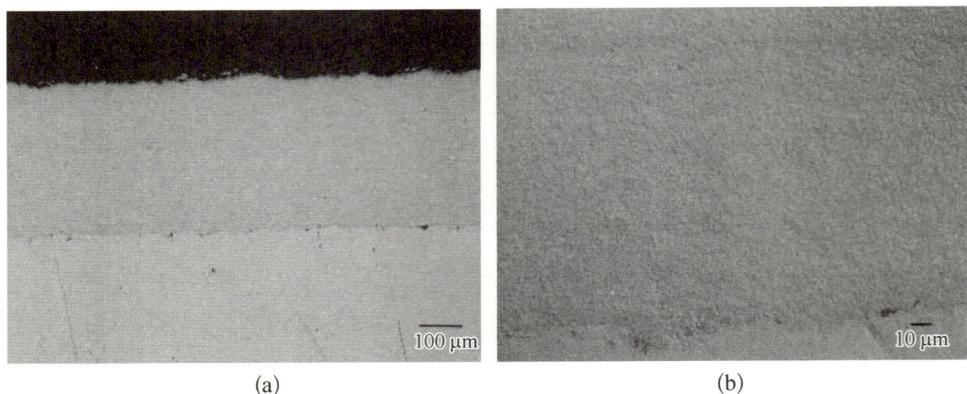

(a)   (b)

图 8-1　涂层截面显微形貌

8.3　磨损腐蚀试验

图 8-2 所示为 WC-10Co-4Cr 喷涂前后 XRD 图谱,WC-10Co-4Cr 经过喷涂沉积后呈现出与原材料几乎相同的相组成主要包括 WC 和一些 Co_3W_3C,说明在喷涂过程中几乎没有脱碳。

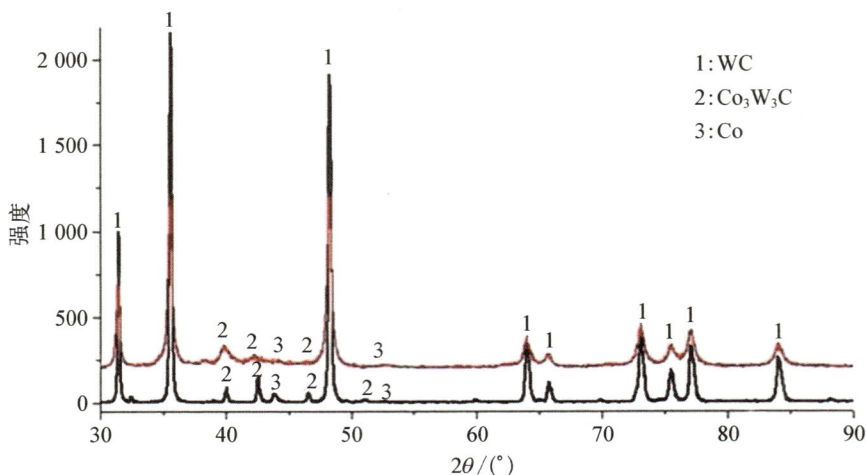

图 8-2　WC-10Co-4Cr 喷涂前后 XRD 图谱

喷雾方法及试验时间:打开电源和进气开关,调节进气减压阀到 0～

0.4 MPa,并测定试验温度为 35℃,饱和空气温度为 36～37℃,调节定时器,连续喷雾 624 h,然后静置 14 h,试验结果如图 8-3 所示,表 8-3 为盐雾试验报告。

图 8-3　盐雾试验结果

表 8-3　铬替代一号铁基涂层盐雾试验报告

样件名称:热喷涂试验件		样件数量:1(三段)	
材料:国产 WC		表面处理:热喷涂	
试验时间:624 h			
试验依据:GB/T10125—2021《人造气氛腐蚀试验盐雾试验》			
共计:624 h 连续喷雾试验			
试验条件			
试验标准值		实际值	
盐水溶液浓度/%	5	5	
盐水溶液 pH 值	6.5～7.2	7.0	
空气压缩力/(kgf/cm^2)	1.0±0.01	1.0	
喷雾量/(mL/80 cm/H)	1.0～2.0	1.2	
室内相对湿度/%	85	85	
室内温度/℃	35±2	35	
压力桶温度/℃	47±1	48	
盐水温度/℃	35±1	35	

结论:根据 GB6461—2002《金属基体上金属和其他无机覆盖层经腐蚀试验后的试样和试件的评级》所规定的方法评定,利用国产碳化钨粉末制备了 3 段不同厚度的涂层。其中,左侧涂层厚度为 0.2 mm,未封孔;中段涂层厚度

为 0.07 mm，未封孔；右侧涂层厚度为 0.07 mm，封孔。左、右两部分无锈蚀，624 h 防腐等级达到 10 级。中间段连续喷雾 624 h，在 8 h 时一处出现锈蚀点（初步判定为喷涂缺陷所致），其余无锈蚀。

从第一轮的试验结果看，采用 7 丝[①]厚度的 WC 涂层，还是具备一定的可行性，但由于 WC 涂层的成本较高，客户一直没有下决心批量试用。

鉴于这种情况，我们决定继续探索，下一类产品的目标是合金材料，我们入手的第一轮材料是铁基合金，称之为"铬替代一号"。

铬替代一号粉末成分为铁、硅、硼、镍、铬、钼等，涂层性能为铬替代，图 8-4 为制备涂层金相图。

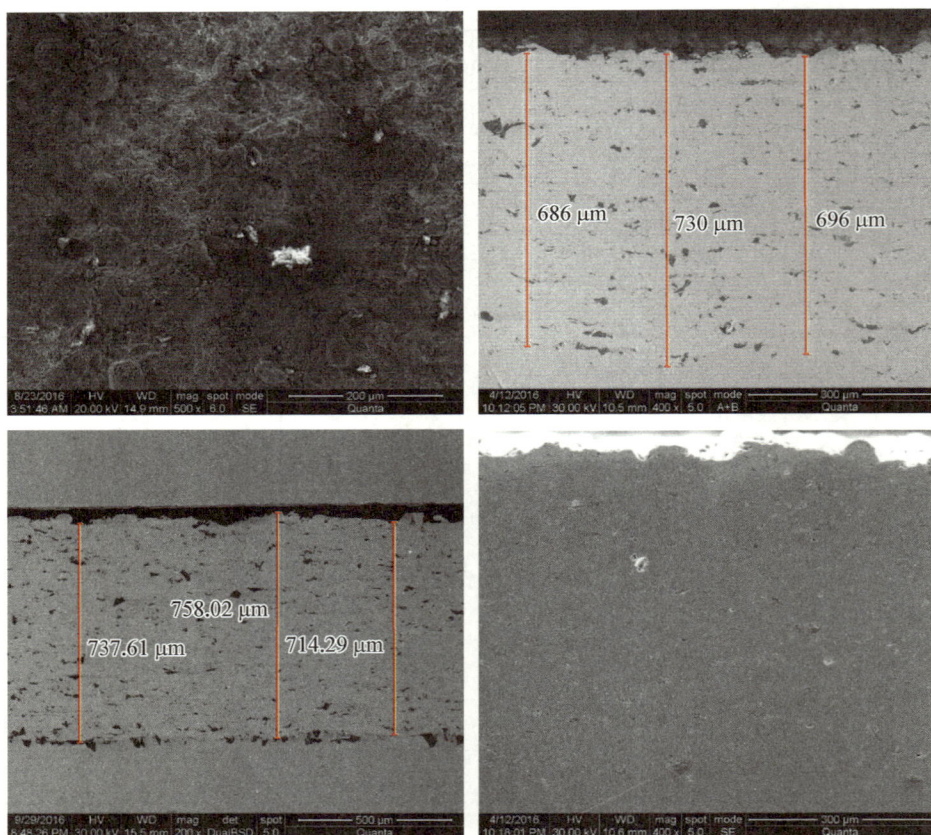

图 8-4　制备涂层金相图

---

① 1 丝=0.01 mm。

结论：粉末熔化较好，基本没有未熔化颗粒；从截面看，涂层与基体结合较好，表面附近有裂纹，经分析涂层孔隙率约为 0.80%，均小于 1%。我们进行人造气氛腐蚀试验，具体试验情况如表 8-4 所示，盐雾试验样品宏观照片如图 8-5 所示。

表 8-4　盐雾试验情况

试验条件	
盐水溶液浓度/(g/L)	50
盐水溶液 pH 值	6.7
压缩空气力/(kgf/cm^2)	1.0
喷雾量/(mL/80 cm/H)	1.5
压力桶温度/℃	47
盐水温度/℃	35
室内温度/℃	35

0 h　24 h　48 h　72 h　192 h　216 h　264 h　336 h

第4代铬替代一号涂层

456 h　576 h

图 8-5　铬替代一号铁基涂层盐雾试验样品照片

结论：通过 576 h 的人造气氛腐蚀试验（盐雾试验）涂层表面无明显的腐蚀点，而周边出现的腐蚀推测可能是封边有漏的地方，将进一步试验。

我们采用 C 系列 HVAF 喷枪和铁基合金粉末，以铬替代为目标，喷涂了三块样品。分别为 1 号样品，材料为铁基合金，0.2 mm 厚，未封孔；2 号样品，材料为铁基合金，0.07 mm 厚，封孔；4 号样品，材料为铁基合金，0.07 mm 厚，未封孔。

喷雾方法及试验时间：打开电源和进气开关，调节进气减压阀到 0～0.4 MPa，并测定试验温度为 35℃，饱和空气温度为 36～37℃，调节定时器，连续喷雾 720 h，然后静置 14 h，表 8-5 为盐雾试验报告，图 8-6 为盐雾试验后样品宏观照片。

表 8-5 铬替代一号铁基涂层棒材盐雾试验报告

样件名称：热喷涂试验件		样件数量：3	
材料牌号：不详		表面处理：热喷涂	
试验时间：720 h			
试验依据：GB/T10125—2021《人造气氛腐蚀试验盐雾试验》			
共计：720 h 连续喷雾试验			
试验条件			
试验标准值		实际值	
盐水溶液浓度/%	5		5
盐水溶液 pH 值	6.5～7.2		7.0
空气压缩力/(kgf/cm²)	1.0±0.01		1.0
喷雾量/(mL/80 cm/H)	1.0～2.0		1.2
试验室相对湿度/%	85		85
试验室温度/℃	35±2		35
压力桶温度/℃	47±1		48
盐水温度/℃	35±1		35

图 8-6　盐雾试验后铬替代一号铁基涂层棒材样品照片

结论：根据 GB6461—2002《金属基体上金属和其他无机覆盖层经腐蚀试验后的试样和试件的评级》所规定的方法评定。三件不同编号的喷涂层（1 号、2 号、4 号），1 号、2 号无锈蚀，720 h 防腐等级达到 10 级；4 号连续喷雾约 24 h 后出现锈蚀点，在 720 h 时锈蚀面积约占工件总面积的 15%。以上试验结果表明，涂层性能良好，在 0.07 mm 厚度时，进行涂层封孔后，可以达到至少 720 h 的耐腐蚀能力。

8.4　涂层后加工

为实现低成本的铬替代，如果通过对涂层进行研磨的工艺手段是不可能满足成本目标的。所以，我们只能通过精确地对基体喷涂前质量提出表面平整度要求，再控制涂层均匀性，之后通过金刚石砂带抛光的手法来达到表面粗糙度与圆轴度的要求。

采用 HVAF 工艺进行涂层喷涂，喷层的喷涂态粗糙度为 Ra 2.5 μm 左右。液压支架产品的表面光洁度，根据不同工件要求，Ra 通常为 0.2～0.4 μm，所以通过抛光是可以达到粗糙度要求的。通常需要较高配合精度的涂层需要进行抛光工艺，要将光洁度为 Ra 2.5 μm 的涂层抛光到 0.2～0.4 μm，通常需要预留 0.01～0.02 mm 的涂层余量。考虑到铬替代成本较为敏感，同时支架的配合面为橡胶，对尺寸精度要求不高，因此采用砂带抛光工艺足以满足应用需求。

多次试验结果表明，采用砂带抛光工艺，WC 涂层的预留量为 0.02 mm。而铁基涂层预留量不超过 0.05 mm。因此，支架产品涂层最终工艺厚度确定为 WC 涂层厚度为 0.09 mm，铁基合金涂层厚度为 0.12 mm。

我们在某矿试喷了几十只铁基合金铬替代产品，并下井试用。约 5 个月后，作者在当地技术负责人的陪同下，下井考查。当时试验的矿井是该矿区腐蚀情况最为严峻的，一路上看到的都是腐蚀状态极其严重状态。但到了我们试验的几十只产品所在区，状态却令人振奋。让我们看到了未来铬替代事业的希望。

就在我们准备进行一系列市场规划和商务推广时，我们的美国搭档传来了第 7 章所述的闪钨问世的好消息。2018 年 5 月 20 日是闪钨的生日，美国第一只闪钨产品试验成功。

至此，我们打开了一扇门，一扇进入铬替代工业浪潮的商机无限的大门。这不仅仅是环保节能项目的成功，更是通过闪钨独特的高致密度、高韧性的特性，可能承受大压力、大交变应力的能力，打开了许多之前无法企及的蓝海。

第9章

总结与展望

在本书对高速燃气喷涂（HVAF）设备工艺原理与应用的深入探讨中，我们不仅系统地阐述了 HVAF 技术的起源、发展、工艺原理，还通过丰富的应用案例展示了其在工业领域的广泛应用和显著成效。

（1）技术原理与特点。HVAF 技术作为一种先进的热喷涂工艺，其核心在于利用压缩空气与燃料的高效燃烧产生高温高速气流，对喷涂粉末进行加热和加速，从而在基体表面形成致密、低氧化物含量的高质量涂层。其工艺特点主要包括高效加热与加速、低氧化物含量、高致密度以及广泛的适用性。这些特点使得 HVAF 技术在提升材料表面性能、延长设备使用寿命方面展现出独特的优势。

（2）应用实践。本书通过多个工业领域的应用案例，充分展示了 HVAF 技术的实际应用效果。HVAF 技术广泛用于石油、航空航天、钢铁、包装机械、电力、海洋腐蚀、造纸行业等，起到耐高温、耐磨损、耐腐蚀等作用，成为重要防护手段。这些应用案例不仅验证了 HVAF 技术的有效性和可靠性，也为其在更广泛领域的应用提供了有力支持。

（3）技术挑战与解决方案。尽管 HVAF 技术在多个方面展现出显著优势，但在实际应用过程中仍面临一些技术挑战。例如，如何进一步提高气流速度和温度分布均匀性、如何优化喷涂材料和工艺配方以满足不同工业领域的特殊需求、如何降低能耗并提高生产效率等。针对这些挑战，本书提出了相应的解决方案和研究方向，为 HVAF 技术的持续优化和创新提供了思路。

随着科技的不断进步和工业应用的不断扩展，HVAF 技术将迎来更加广阔的发展前景。以下是对 HVAF 技术未来发展趋势的展望。

（1）技术创新与升级。未来，HVAF 技术将在工艺设备、喷涂材料、控制系统等方面实现技术创新与升级。在工艺设备方面,将重点研发更高效、更稳定的燃烧室和喷嘴结构,以提高气流速度和温度分布均匀性;在喷涂材料方面,将不断探索新型材料的应用潜力,以满足不同工业领域对涂层性能的多样化需求;在控制系统方面,将引入更先进的自动化和智能化技术,实现喷涂过程的精确控制和优化。

(2)跨领域融合与应用拓展。HVAF 技术将进一步加强与其他表面处理技术的交叉融合,形成更为完善的表面工程解决方案。例如,可以与激光熔覆、等离子喷涂等技术相结合,实现多种涂层材料的复合制备和性能优化。同时,HVAF 技术的应用领域也将不断拓展,从传统的航空航天、汽车制造、能源化工等领域向更多新兴领域延伸,如电子信息、生物医药等。

(3)绿色环保与可持续发展。随着全球对环境保护和可持续发展的重视日益增强,HVAF 技术将在绿色环保方面发挥更大作用。通过优化喷涂工艺、降低能耗和排放、回收再利用喷涂废料等措施,实现热喷涂过程的绿色化、低碳化。同时,HVAF 技术还将积极响应国家节能减排政策号召,推动表面工程行业的可持续发展。

(4)标准化与规范化。随着 HVAF 技术的广泛应用和市场需求的不断增长,标准化和规范化将成为未来发展的必然趋势。通过制定和完善相关标准规范体系,明确技术要求、检测方法、质量评价等方面的规定和要求,确保 HVAF 技术的产品质量和应用效果的一致性和可靠性。这将有助于提升 HVAF 技术的市场竞争力和行业地位。

(5)人才培养与国际合作。人才是推动 HVAF 技术发展的关键因素之一。未来将加大对热喷涂技术领域人才的培养和引进力度,建立完善的人才培养体系和激励机制。同时,加强与国际先进企业和研究机构的交流合作,共同推动 HVAF 技术的创新和发展。通过共享技术成果、交流实践经验、开展联合研发等方式,提升我国在国际热喷涂技术领域的竞争力和影响力。

超声速火焰喷涂技术是在 20 世纪 80 年代初期,由美国 Browning 公司研制成功的,并且以 JET - KOTE 为商品推广,经过多年的应用开发,其优点逐渐被认识和接受。自那时起,这一技术走过了漫长的历程,并取得显著突破。

从本书涉及的内容可以看出,超声速火焰喷涂技术经历了一种自然的转变,从一种在早期发展阶段、质量不一的新兴技术逐渐演变为一种系统性、可控性强且成熟的技术。随着越来越多的工业部门投入研发,相关专利的申请数量持续增加,这些研发也提供了更多面向特定需求或挑战的专用设备,显示出该技术向成熟阶段演变的明显趋势。

　　超声速火焰喷涂工艺面临的主要挑战之一是提高工艺的稳健性及对其过程的控制,这可以通过优化设计与传感器技术进行改进。预计随着应用技术的不断进步,这将进一步提升工艺的可靠性和生产的一致性。相信超声速火焰喷涂技术将为推动工业进步和社会发展做出更大的贡献。